图说建筑工种技能轻松速成系列

图说装饰装修木工技能

牟瑛娜 主编

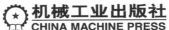
机械工业出版社
CHINA MACHINE PRESS

本书根据国家颁布的《建筑装饰装修职业技能标准》（JGJ/T 315—2016）以及《木结构工程施工质量验收规范》（GB 50206—2012）、《建筑装饰装修工程质量验收规范》（GB 50210—2001）等标准编写，主要介绍了常用木工机具、常用材料、木制品选料与加工、木门窗制作安装、木装修工程施工以及木工制作实例等内容。本书结合《建筑装饰装修职业技能标准》讲解了装修工人施工实操的各种技能和操作要领，同时也讲解了装修材料的应用技巧，力求帮助装修工人在最短的时间内掌握实际工作所需的全部技能。本书采用图片、实操图以及手绘示意图形式编写，直观明了，方便学习。

本书适合家装工人、公装工人及参与住宅装修工作的其他工程人员阅读，可作为装修工人培训教材，对即将装修房屋的朋友也有一定的借鉴作用。

图书在版编目（CIP）数据

图说装饰装修木工技能 / 牟瑛娜主编. —北京：机械工业出版社，2017.8（2020.1重印）

（图说建筑工种技能轻松速成系列）

ISBN 978-7-111-59090-3

Ⅰ. ①图… Ⅱ. ①牟… Ⅲ. ①建筑工程—木工—图解 Ⅳ. ①TU759.1-64

中国版本图书馆CIP数据核字（2018）第022181号

机械工业出版社（北京市百万庄大街22号　邮政编码100037）
策划编辑：闫云霞　　　　　　责任编辑：闫云霞　朱彩绵
责任校对：陈　越　刘秀芝　　封面设计：张　静
责任印制：张　博
三河市宏达印刷有限公司印刷
2020年1月第1版第3次印刷
184mm×260mm·9.5印张·158千字
标准书号：ISBN 978-7-111-59090-3
定价：35.00元

凡购本书，如有缺页、倒页、脱页，由本社发行部调换
电话服务　　　　　　　　　　网络服务
服务咨询热线：010-88361066　机工官网：www.cmpbook.com
读者购书热线：010-68326294　机工官博：weibo.com/cmp1952
　　　　　　　010-88379203　金书网：www.golden-book.com
封面无防伪标均为盗版　　教育服务网：www.cmpedu.com

编 委 会

主　编　牟瑛娜

参　编　王志云　张宏跃　张　琦　王红微　孙石春　李　瑞

　　　　何　影　张黎黎　董　慧　白雅君

前　言

随着我国经济的快速发展和人民生活水平的不断提高，人们对居住质量的要求也在不断提高，建筑装饰业得到了迅猛发展。目前，装修行业的施工人员大多数没有受过专门教育，或仅仅经过短期岗位培训。针对这种情况，编者以家庭装修为基础编写，通过介绍家庭住宅装修的实际操作，去展示装修装饰行业的需求潮流及操作方法，给予装修工人必要的操作技能指导，使装修工人技术水平得到快速提高。因此，我们组织编写了这本书，旨在提高木工专业技术水平，确保工程质量和安全生产。

本书根据国家颁布的《建筑装饰装修职业技能标准》（JGJ/T 315—2016）以及《木结构工程施工质量验收规范》（GB 50206—2012）、《建筑装饰装修工程质量验收规范》（GB 50210—2001）等标准编写，主要介绍了常用木工机具、常用材料、木制品选料与加工、木门窗制作安装、木装修工程施工以及木工制作实例等内容。本书结合《建筑装饰装修职业技能标准》讲解装修工人施工实操的各种技能和操作要领，同时也讲解了装修材料的应用技巧。力求帮助装修工人在最短的时间内掌握实际工作所需的全部技能。本书采用图片、实操图以及手绘示意图形式编写，直观明了，方便学习。本书适合家装工人、公装工人阅读，也可供住宅装修其他工程人员阅读；可作为装修工人培训教材，对即将装修的朋友也有一定的借鉴作用。

由于学识和经验所限，虽然编者尽心尽力，但书中疏漏之处在所难免，敬请读者批评指正。

编　者
2017 年 3 月

目　录

第一章 常用木工机具

第一节 画线工具及操作

一、画线笔

画线笔包括木工铅笔、竹笔等。木工铅笔的笔杆为椭圆形，铅芯有黑、红、蓝三种颜色，如图 1-1 所示。使用前，将铅芯削成扁平形，画线时，使铅芯扁平面靠着尺顺画，如图 1-2 所示。

图 1-1　木工铅笔

图 1-2　使用方法

1

二、墨斗

墨斗由墨仓、线轮、墨线（包括线锥）、墨签四部分构成，是中国传统木工行业中极为常见工具，如图1-3所示。

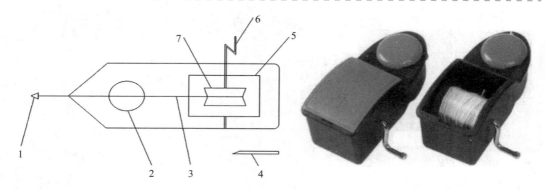

图 1-3　墨斗

1—线锥　2—墨仓　3—墨线　4—墨签　5—线轮槽　6—摇柄　7—墨线轮

使用墨斗时定钩挂在木料的一端，墨斗拉向木料的另一端，线绳附在木料的表面，一手拉紧并压住墨斗槽，另一只手垂直将线绳中部提起然后松手，就会在木料上弹出墨线，如图1-4所示。

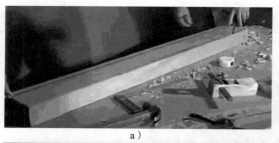

a）

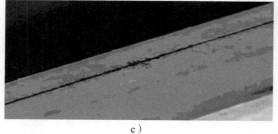

c）

b）

图 1-4　用墨斗弹线

三、画线器

画线器由金属画线针、靠山、尺杆、固定旋钮组成，如图 1-5 所示。

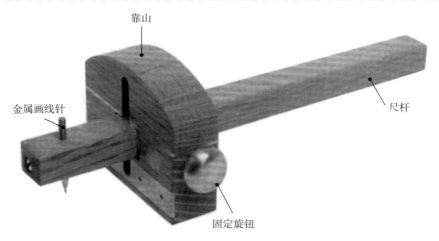

靠山

金属画线针

尺杆

固定旋钮

图 1-5　画线器

首先，松开画线器靠山固定旋钮，以手指轻推靠山，设定金属画线针与靠山之间的距离，再旋紧旋钮。然后，把木板平放在工作台面上，画线器靠山靠紧板端，开始画线。画线针要与工件表面有一定角度，画出来的线才会清晰、笔直，如图 1-6 所示。

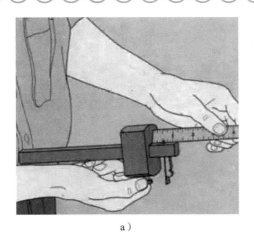

a）

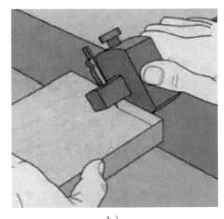

b）

图 1-6　用画线器画线

四、圆规

圆规主要用来等分线段，或画圆和圆弧等。圆规脚的尖端应锐利，否则，画出的线段往往不准确，如图 1-7 所示。

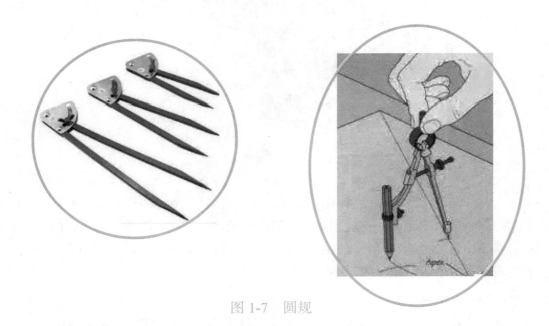

图 1-7　圆规

第二节　凿钻工具及操作

一、凿孔工具及操作

凿子可分为平凿、圆凿和斜凿三种，如图 1-8 所示。

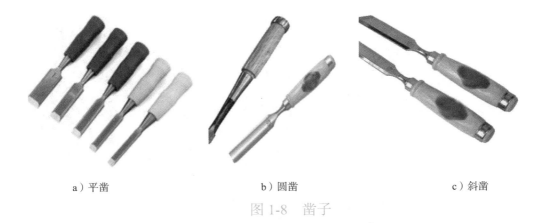

a）平凿　　　　　　　　　　b）圆凿　　　　　　　　　　c）斜凿

图 1-8　凿子

　　打眼（又称凿孔、凿眼）前应先画好眼的墨线，木料放在垫木或工作凳上，打眼的面向上，人可坐在木料上面，如果木料短小，可以用脚踏牢。打眼时，左手紧握凿柄，将凿刃放在靠近身边的横线附近（约离横线 3~5mm），凿刃斜面向外。凿要拿垂直，用斧或锤着力地敲击凿顶，使凿刃垂直进入木料内，这时木料纤维被切断，再拔出凿子，把凿子移前一些斜向打一下，将木屑从孔中剔出。以后就如此反复打凿及剔出木屑，当凿到另一条线附近时，要把凿子反转过来，凿子垂直打下，剔出木屑。当孔深凿到木料厚度一半时，再修凿前后壁，但两根横线应留在木料上不要凿去，如图 1-9 所示。打全眼时（凿透孔），应先凿背面，到一半深，将木料翻身，从正面打凿，这样眼的四周不会产生撕裂现象，如图 1-10 所示。

图 1-9　打眼

图 1-10　打全眼

二、钻孔工具及操作

1. 手摇钻

　　手摇钻又称摇钻。钻身用钢制成，上端有圆形顶木，可自由转动；中段曲拐处有木摇把；下端是钢制夹头，用螺纹与钻身连接，夹头内有钢制夹簧，可夹持各种规格的钻头，如图 1-11 所示。

图 1-11　手摇钻

左手握住顶木，右手将钻头对准孔中心，然后左手用力压顶木，右手摇动摇把，按顺时针方向旋转，钻头即钻入木料内。钻孔时要使钻头与木料面垂直，不要左右摆动，防止折断钻头，如图1-12所示。钻透后将倒顺器反向拧紧，按逆时针方向旋转摇把，钻头即退出。

图 1-12　手摇钻的使用方法

2. 电钻

电钻是利用电做动力的钻孔机具，是电动工具中的常规产品，也是需求量最大的电动工具类产品。电钻可分为3类：手电钻、冲击钻、锤钻，如图1-13所示。手电钻只能适合钻金属、木头，或者拧螺钉等作业，不能打混凝土；冲击钻除开钻金属、木头外，可对砖墙、普通混凝土进行钻孔作业；锤钻适合钻比较坚硬的混凝土。

a）手电钻　　　　　　　b）冲击钻　　　　　　　c）锤钻

图 1-13　电钻

安装电钻

方法一：全手动安装夹头

（1）右手拿钻身，左手拨动夹头调整夹头，待夹头可以插入钻头为宜。

（2）左手把钻头放进夹头中，右手向内转动夹头，使夹头夹住钻头为宜。

（3）再用左手拿稳机身，右手用钥匙插入夹头匙口，顺时针旋转钥匙，使夹头夹紧钻头为宜。

方法二：在带电下半手动安装夹头

（1）插上电源线，右手握把，食指拨动正反转，左手轻轻捏住夹头，然后右手中指轻按开关，进行夹头调整。

（2）插入钻头，左手轻轻捏住夹头，右手轻扣扳机进行自动夹住钻头。

（3)再用钥匙拧紧夹头，确保夹头在工作中，不至于打滑为宜。

用遮蔽胶带
标记深度

图 1-14　电钻的使用方法

为了确保所钻的孔是垂直进入木料的，可以放一个小直角尺在旁边作为参照物。为了达到正确的钻孔深度，可以将遮蔽胶带缠绕贴在钻头上，以标记深度，如图 1-14 所示。

第三节　锯削工具及操作

一、框锯

框锯又称为拐锯、架锯，它是木工的主要用锯。框锯由工字形木架和锯条等组成。木架一边通过连接销（或锯钮）装锯条，另一边装麻绳，并用绞片绞紧，或装直径 3~5mm 的钢丝用螺栓旋紧，如图 1-15 所示。

图 1-15　框锯

1. 纵割法

在锯削时，将木料放在板凳上，右脚踏住木料，并与锯削线成直角，左脚站直，与锯削线成 60° 角，右手与右膝盖成垂直，人身与锯削线约成 45° 角为适宜，上身微俯略为活动，但不要左仰右扑。锯削时，右手持锯，左手大拇指靠着锯片以定位，右手持锯轻轻拉推几下（先拉后推），开出锯路，左手即离开锯边，当锯齿切入木料 5mm 左右时，左手帮助右手提送框锯。提锯时要轻，并可稍微抬高锯手，送锯时要重，手腕、肘肩与身腰同时用力，有节奏地进行。这样才能使锯条沿着锯割线前进，否则，纵割后的木材边缘会弯曲不直，或者锯口断面上下不一，如图 1-16 所示。

图 1-16　纵割法

2. 横割法

在锯削时，将木料放在板凳上，人站在木料的左后方，左手按住木料，右手持锯，左脚踏住木料，拉锯方法与纵割法相同，如图 1-17 所示。

图 1-17　横割法

二、手锯

手锯分为板锯和搂锯两种。宽大的手锯称为板锯，窄小的手锯称为搂锯，如图 1-18 所示。

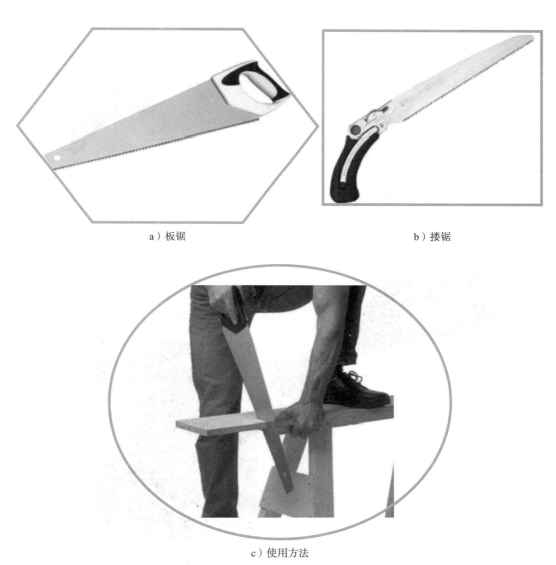

a）板锯

b）搂锯

c）使用方法

图 1-18　手锯及使用方法

三、刀锯

刀锯为用于纤维、层板下料的锯削工具。

刀锯按其形式不同分为双刃刀锯、夹背刀锯和鱼头刀锯等。它们均是由锯刃和锯把两部分组成，如图 1-19 所示。

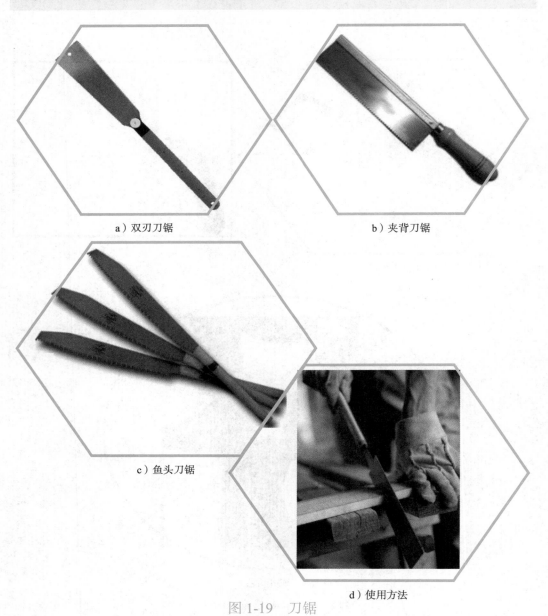

a）双刃刀锯

b）夹背刀锯

c）鱼头刀锯

d）使用方法

图 1-19　刀锯

第四节 砍削工具及操作

　　木工的砍削工具有锛和斧两大类。目前斧的使用频率较高，锛已不大使用了。斧有双刃斧和单刃斧两种，其中以单刃斧使用最广泛，如图1-20所示。单刃斧又称偏钢斧，以右方向砍削为主；双刃斧又称中钢斧，左右两个方向劈（砍）削均可。

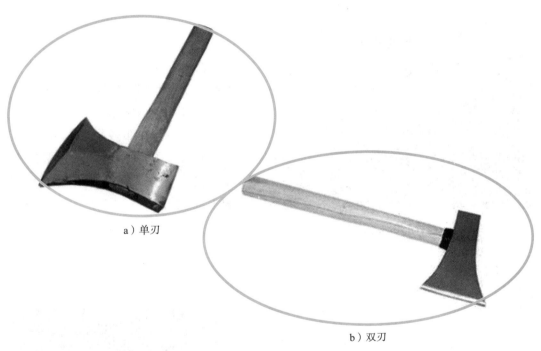

a）单刃

b）双刃

图 1-20　斧子

操作方法

（1）砍削

　　斧的砍削是一种效率较高的粗加工工序。砍削有平砍和立砍。

平砍适合于砍削较长的板材连棱。一般双手握斧砍削，操作时将木料卡在工作台上，一手握住斧把尾端，另一手握住斧把中部，先在木料上顺纹砍出切口，然后再按墨线从右至左砍削，如图 1-21 所示。

图 1-21　平砍

图 1-22　立砍

立砍适合于砍削短木料。画好线后，要识别木料纹理方向，然后左手握住木料的左上部，右手握住斧把中部或尾部，如图 1-22 所示。先由下而上砍断需要被砍削的部分，然后再从上而下顺木纹砍削。

（2）敲击

在凿制木榫孔和构件装配过程中，木工习惯用斧背敲击凿柄和构件。用斧敲击凿柄时，斧刃、斧柄、斧背应呈横向状态平击，左手握紧凿柄，右手持斧头准确击打凿柄，以免损伤工具并防止工伤事故发生，如图 1-23 所示。

图 1-23　敲击姿势

第五节　刨削工具及操作

一、平刨

平刨用来刨削木料的平面，使其平直。平刨由刨身、刨柄、刨楔、封口铁、刨刀（又叫刨铁）、刨盖、盖铁螺钉等几部分组成，如图 1-24 所示。常见的平刨有粗刨、清刨和光刨三种。

图 1-24　平刨

推刨时，一般用双手的中指、无名指和小拇指紧握手柄，食指紧顶住刨上面盖铁，大拇指推住刨身的手柄，用力向前推进，如图 1-25 所示。

操作时，两腿必须立稳，上身略向前倾。如果木料比较长，身体就要随着刨的推进向前移动。手中的刨要保持平稳，尤其是刨到木料前端时，刨不要翘起或滑落；退回时应该将刨后部稍微抬起，以免刃口在木料上摩擦，致使刃口迟钝。第一面刨好后，用单眼检查材面是否平直，达到标准后，刨相邻的侧面，如图 1-26 所示。

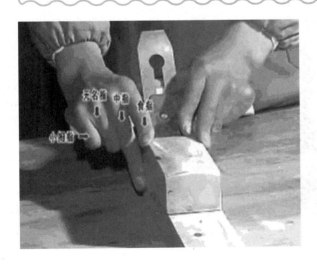

图 1-25　推刨握法

b)

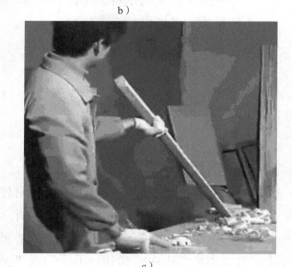

图 1-26　推刨方法

c)

二、槽刨

槽刨主要用于需要抽槽的木器构件，如图 1-27 所示。

图 1-27　槽刨

使用前首先调整刨刀露出量及挡板与刨刃的位置，再从木料的后半部分向后端刨削，然后再逐渐从前半部分开始向右端刨削。走刨时要往怀里拉，要稳，待刨出凹槽后可适当增加力量，直到最后从前端到后端刨出深浅一致的凹槽为止，如图 1-28 所示。

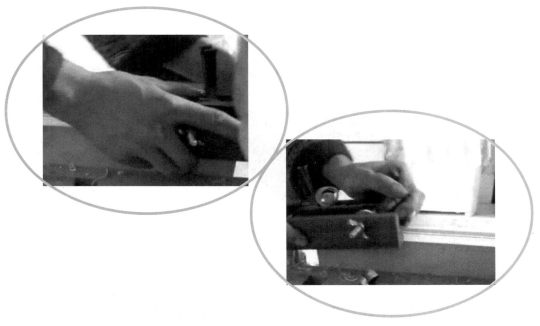

图 1-28　槽刨的使用方法

三、线刨、边刨

线刨的种类很多，而且常常要根据使用要求自己动手制作，如图 1-29 所示。线刨的刨刃与刨底夹角一般为 15° 左右。刨长约为 200mm，高约为 50mm，宽度按刨削的线条而定，一般为 20~40mm。线刨用于门窗、木制品、装饰件的边棱或表面起线。

图 1-29　线刨

边刨有两种，一种用于铲削高低裁口线，刨身较短（约长 350mm）；另一种用于薄板拼缝，刨身较长（约长 450mm）。边刨在结构上类似于单手左侧开通式槽刨，底部镶有能活动的硬木限位板。刨身高 60mm，宽 40mm，刨刀安装角度为 45°~50°，为了排屑方便，刀面略向外、向左倾，如图 1-30 所示。

图 1-30　边刨

使用前首先调整好刨刃的留出量。推线刨及边刨时，应用右手拿刨，左手扶住木料。这两种刨的操作方法基本相似，都是向前推送，如图 1-31 所示。

图 1-31　线刨使用方法

四、铁刨

铁刨又叫轴刨、蝙蝠刨，适用于刨削小木料的弯曲部分。铁刨刨身短小，刨刃和盖刃用螺栓固定在刨身上。使用时可用身体把木料抵在案子上刨削，如图1-32所示。

图1-32　铁刨

先将木料稳固住，双手握住两端刨把，使刨底紧贴木料后，均匀用力向前推削，如图1-33所示。

图1-33　铁刨的使用方法

第六节　木工机械及操作

一、精密裁板锯

---

1. 构造

精密裁板锯可以根据我们需要的尺寸，精密的锯削出合格的板材。是建筑工地和中小型木材加工厂应用较广的一种木工机械。裁板锯一般由机架、台面、锯片、挡向板、刻度盘、电源开关等组成，如图 1-34 所示。

图 1-34　裁板锯构造

---

2. 准备工作

在准备锯削一块木料之前，首先要仔细识别图纸。比如，我们现在要加工一扇门的支架，长 2050mm、宽 125mm，根据图纸要求的具体尺寸，锯削木料。操作前，一定要仔细检查锯片是否有断齿、裂纹现象，还要检查被锯削的木材上是否有钉子等坚硬物，以防锯伤锯齿，甚至发生伤人事故。然后将所需的尺寸调至精确，如图 1-35 所示。

a）准备木料

b）检查锯片

c）调整尺寸

图 1-35 准备工作

3. 操作说明

（1）操作时，木工应站在锯片稍左的位置，不可以和锯片站在同一直线上，以防木料弹出伤人。在送料的时候，不要用力过猛，木料必须端平，不要摆动或抬高、压低，如图 1-36 所示；锯到有木结的时候要放慢速度，以免木结突然弹出。

图 1-36　送料时

（2）在锯削时，木料必须紧靠挡向板，不得偏斜，如图 1-37 所示；当锯到木料的尽头时，要及时松开手，不可以继续用手推按，以防锯伤手指。

（3）如果木料卡住锯片，要立即关闭电源，如图 1-38 所示。锯削完成后也要及时关闭电源，确保安全。并且要停机后用清扫工具清除锯台上的碎屑、锯末。

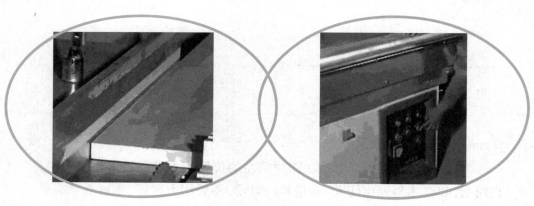

图 1-37　锯削时　　　　　　　　　　图 1-38　关闭电源

二、压刨床

---

1. 构造

　　压刨床经常被我们叫作手压刨，可以用来刨削一个零部件的平面，是施工现场用得比较广的一种刨削机械。压刨床一般由基座、挡向板、台面、刨刀、尺度调整阀、电源开关等组成，如图 1-39 所示。

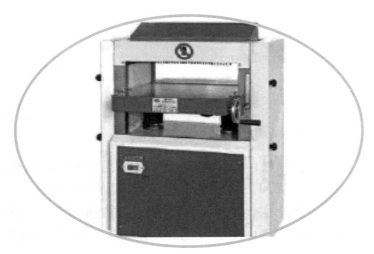

图 1-39　压刨床

---

2. 准备工作

　　操作前，应全面检查机械各部件及安全装置是否有松动或失灵现象，如果发现问题，要及时修理才能使用。并且要仔细检查刨刀刃的锋利程度，如果有残缺，刨出的零部件会不平整。认真测量木料尺寸，如图 1-40 所示，根据这个尺寸，再精确调试刨床，并且要记得检查被刨削的木料上是否有钉子等坚硬物。

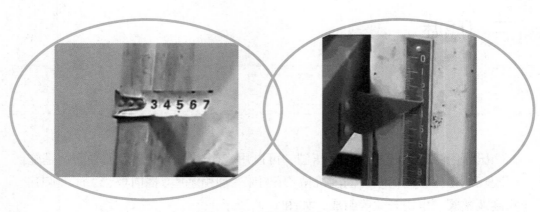

图 1-40　测量木料尺寸

3. 操作说明

　　操作时，左手压住木料，右手均匀推进，不可猛力推拉，如图 1-41 所示。要特别注意的是，手指不可以按木料的侧面，以防刨伤手指。压刨完成后，若中间要间歇，一定及时关闭电源，并用清扫工具及时清除碎屑和锯末。因为压刨床在加工生产的过程中，使用的频率较高，所以，容易发生故障，要及时检修。

图 1-41　操作

第二章 常用材料

一、木材

白松

在建筑工程中可用于门窗框、屋架、搁栅、檩条、支撑、脚手板等。

红松

可用做木门窗、屋架、檩条等，是建筑工程中应用最多的树种。

樟子松

可用做门窗、屋架、檩条、模样板等。

马尾松

可用作小屋架、模样板、屋面板等。

陆均松

多用于制作木屋架、檩条、搁栅、椽条、屋面板等。

杉木

在建筑工程中常用做门窗、屋架、地板、搁栅、檩条等，应用十分广泛。

水杉

一般可用做门窗、屋架、檩条、屋面板、模样板等。

四川红杉

可用做檩条、椽条、模样板等。

柞木

可用做木地板、家具、高级门窗。

水曲柳

在建筑工程中常用做家具、地板、胶合板及室内装修、高级门窗等。

紫椴

常用于制作胶合板、普通木门窗、模样板等。

白皮榆

多用做木地板、室内木装修、高级门窗、家具、胶合板等。

核桃楸

在建筑工程中多用于做木地板、木装修、高级门窗、家具等。

桦木

可用做胶合板、室内木装修、支撑、地板等。

色木

可用做地板、胶合板及室内木装修。

楠木

可用做家具、室内木装修、高级门窗等。

柚木

做家具、高级木装修、地板的理想材料。

黄菠萝

多用于高级木装修、高级木门窗、家具、地板、胶合板等。

二、木纹

黑胡桃

边材是乳白色，心材从浅棕到深巧克力色，偶尔有紫色和较暗条纹，主要用于家具、地板和拼板。

榆木

木性坚韧，纹理通达清晰，硬度与强度适中，刨面光滑，可供家具、装修等用。

冷杉

　　木材色浅，心材与边材区别不明显，易加工，不耐腐，主要用于家具、门窗等。

落叶松

　　心材与边材区别显著，边材淡黄色，心材黄褐色至红褐色，纹理直，主要用于门窗等。

红檀香

　　心材红褐色至紫红褐色，具浅色条纹，边材色浅，近白色，纹理常交错，适宜制作地板、家具、胶合板等。

橡胶木

　　木材淡黄褐色或黄白色、散孔材、薄壁细胞短切线状或围孔状，具结晶细胞。树老后可以利用其主干制造家具。

榉木

　　木材坚硬致密，色泽兼美，用途极广，颇为贵重。

香樟木

　　有不规则的纵裂纹，横断面可见年轮，有治疗祛风湿、通经络、止痛、消食的功效。

柳桉

　　材质轻重适中，纹理直或斜而交错，结构略粗，易于加工，胶接性能良好。

杨木

　　其质细软，性稳，价廉易得。常作为榆木家具的附料和大漆家具的胎骨在古家具上使用。

花梨木

　　材质坚硬，纹理致密，结构中等，耐腐蚀，不易干燥，切削面光滑，涂饰、胶合性较好。

紫檀

　　材质坚硬，纹理多，结构粗，耐久性强，有光泽，切削面光滑。

柏木

　　色黄、质细、气馥、耐水，多节疤，柏木有香味可以入药，柏子可以安神补心。

洋槐

　　树皮厚，纹裂多，木材坚硬，耐腐蚀，耐水湿，燃烧缓慢，热值高，主要用于地板、家具等。

泡桐

纹理通直，结构均匀，不挠不裂，不易变形，易于加工，主要用于地板、家具、乐器等，也是造纸工业的好原料。

桤木

树皮灰褐色，鳞状开裂，芽有短柄，小枝无毛，叶椭圆形，边缘有疏锯齿，供家具、胶合板用。

沙比利

外观木纹交错，有时有波状纹理，主要用于门窗、家具、地板、胶合板、装饰面板、乐器、造船等。

卡雅楝

木纹交错，有时有波状纹理，其表面可能会在刨削过程中开裂，主要用于地板、胶合板、家具、造船等。

白梧桐

木材加工容易，切面光滑，不耐腐，易蓝变，干燥快，缺陷少，主要用于门窗、地板、胶合板等。

金莲木

木材有光泽，纹理直或略斜，常交错，主要用于地板、胶合板、装饰面板等。

第二节 人造板材

人造板材就是利用木材在加工过程中产生的边角废料，添加化工胶粘剂制作成的板材，如图 2-1 所示。人造板材种类很多，常用的有胶合板、细木工板、纤维板、刨花板、发泡板、铝塑板、蜂窝板、阻燃板（石膏板、硅酸钙）等。因为它们有各自不同的特点，被应用于不同的家具制造领域。

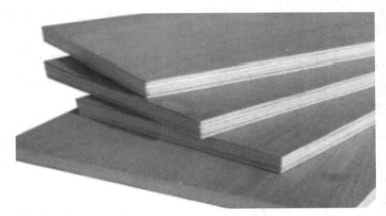

图 2-1　人造板材

胶合板

用水曲柳、柳安、椴木、桦木等木材，利用原木经过旋切成薄板，再用三层以上成奇数的单板顺纹、横纹 90°垂直交错相叠，采用胶粘剂黏合，在热压机上加压而成。

细木工板

由芯板拼接而成，两个外表面为胶板贴合。此板握钉力均比胶合板、刨花板高。此板价格比胶合板、刨花板均贵。它适合做高档柜类产品，加工工艺与传统实木差不多。

纤维板

由木材经过纤维分离后热压复合而成。它的优点为表面较光滑，容易粘贴波音软片，喷胶粘布，不容易吸潮变形；缺点是有效钻孔次数不及刨花板，价格也比刨花板高。

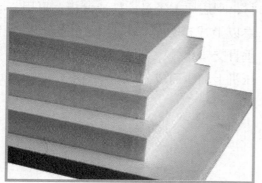

刨花板

主要以木削经一定温度与胶料热压而成。外表层中含胶量较高，可增加握钉力、防潮、砂光处理。

发泡板

主要以 PP、ABS、EPS、EVA 中的一种材料经发泡成型。可用于隔声、图钉插钉等作用。特别适合强度不高的结构件，在承重量低的场合使用。

铝塑板

属复合型材料，特点是防火、重量较轻，也可做造型弯曲。缺点是价格较高。握钉力较差，连接只能用木工胶水或钳夹工艺，因此，只能局限部分产品使用。

蜂窝板

优点是重量轻、不易变形，但它要和中纤板或刨花板结合才能使用。特别适合做防变形大跨度台面或易潮变形的门芯。但生产时要冷或热压加工，因而，生产效率较低。

阻燃板

主要由工业氧化镁原材料组成，其黏合剂为树脂材料。不吸水，有不燃阻燃性，吸潮性差。

第三节　木工胶粘剂

木工常用的胶粘剂有白乳胶、脲醛胶、皮胶骨胶、热熔胶、环氧树脂胶、酚醛树脂胶等。

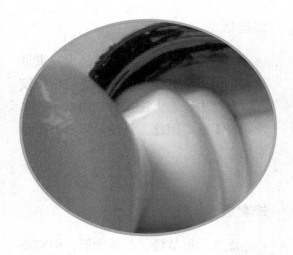

白乳胶

现在普遍使用的一种胶粘剂，施工方便，黏结力好，弹性和柔韧性均好。白乳胶可作为玻璃、皮革、木材、塑料壁纸、瓷砖等材料的黏接及粉刷胶料之用，还可用作刷浆、喷浆的胶料之用。

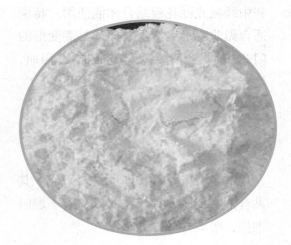

脲醛胶

用一定比例的曲面尿素与甲醛溶聚而成，加氯化胺调匀后使用，广泛使用于木材、胶合板及其他木质材料的黏接。施工方便，黏结力好，无色、耐光性好，毒性较小，但脆性大，耐水性差。

皮胶骨胶

以动物皮、骨为主要原料制成，一般为黄色或褐色块状，半透明或不透明体，溶于盐水，却不溶于有机溶剂，对木质黏接牢度大。使用皮胶骨胶前应按1:5的胶、水比例混合后用火炖化，由于使用不方便，现在已很少用。

热熔胶

是一种无溶剂型热塑性胶。其主要特点是熔点高、胶合迅速、胶合强度高、安全无毒、无溶剂、耐化学性能好、一次没用完的可继续使用等。但其热稳定性和润湿性较差。在家具生产中主要用于板式部件自动化封边。

环氧树脂胶

是目前最优良的胶粘剂之一。它不但能胶合木材。而且还可胶合玻璃、陶器、塑料、金属等。胶粘层对水、非极性溶剂、酸、碱都很稳定，具有高度的机械强度，特别是抗剪强度高，对振动负荷很稳定，绝缘性好。因成本高，故在家具生产中使用较少，主要用于产品修理。

酚醛树脂胶

具有胶合强度高、耐水性强、耐热性好、化学稳定性高及不受菌虫的侵蚀等优点。其不足之处是颜色较深、胶粘层较脆、胶粘层需采用热压固化。为此，在家具生产中应用较少，主要用于人造板的制造。

第四节　木工常用五金件

一、钉类

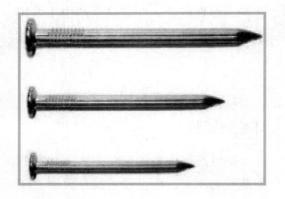

水泥钢钉

　　主要用于将制品钉在水泥墙壁或制件上。

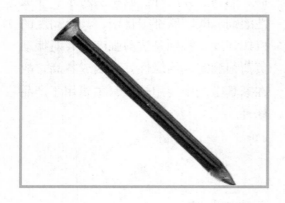

扁头圆钢钉

　　主要用于木模板制作、钉地板等需将钉帽埋入木材的场合。

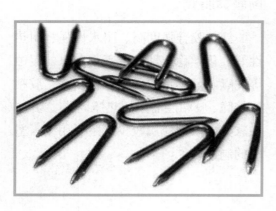

骑马钉

　　主要用于固定金属板网、金属丝网或室内挂镜线等。

二、合页

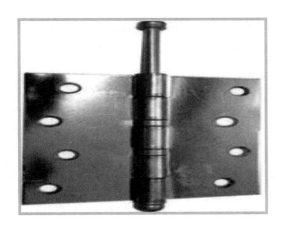

抽芯合页

合页轴心（销子）可以抽出。抽出后，门窗扇可取下，便于擦洗。主要用于需经常拆卸的木制门窗上。

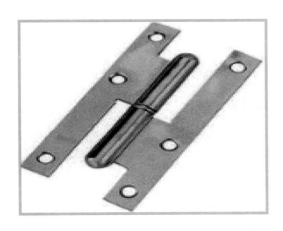

H形合页

属抽芯合页的一种，其中松配一片页板可以取下。主要用于需经常拆卸的木门或纱门上。

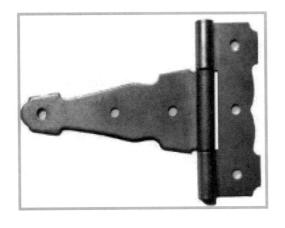

T形合页

适用于较宽的门扇上，如工厂、仓库大门等。

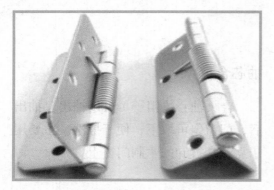

纱门弹簧合页

可使门扇开启后自动关闭,只能单向开启。合页的销子可以抽出,以便调整和调换弹簧,多用于实腹钢结构纱门上。

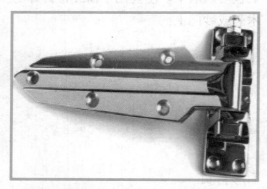

轴承合页

合页的每片页板轴中均装有单向推力球轴承一个,门开关轻便灵活,多用于重型门或特殊的钢骨架的钢板门上。

冷库门合页

表面烘漆,大号用钢板制成,小号用铸铁制成。用于冷库门或较重的保温门上。

扇形合页

扇形合页的两个页片叠起厚度比一般合页的厚度薄一半左右,适用于各种需要转动启闭的门窗上。

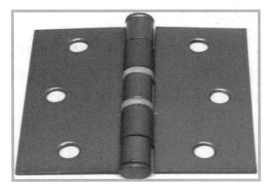

无声合页

又称尼龙垫圈合页，门窗开关时，合页无声，主要用于公共建筑物的门窗上。

单旗合页

合页用不锈钢制成，耐锈耐磨，拆卸方便。多用于双层窗上。

翻窗合页

安装时，带芯轴的两块页板应装在窗框两侧，无芯轴的两块页板应装在窗扇两侧。其中一块带槽的无芯轴负板，须装在窗扇带槽的一侧，以便窗扇装卸。用于工厂、仓库、住宅、公共建筑物等的活动翻窗上。

多功能合页

当开启角度小于 75° 时，具有自动关闭功能；在 75°~90° 角位置时，自行稳定；大于 95° 的则自动定位。该合页可代替普通合页安在门上使用。

防盗合页

通过合页两个页片上的销子和销孔的自锁作用，可避免门扇被卸，而起到防盗作用，适用于住宅户门上。

弹簧合页

可使门扇开启后自动关闭，单弹簧合页只能单向开启，双弹簧合页可以里外双向开启。主要用于公共建筑物的大门上。

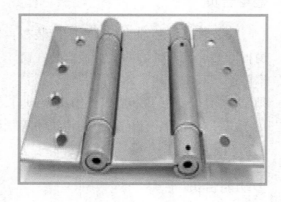

双轴合页

双轴合页分左、右两种，可使门扇自由开启、关闭和拆卸。适用于一般门窗扇上。

三、木螺钉

木螺钉用于把各种材料的制品固定在木质制品上，在木门窗安装中，木螺钉要与合页配套使用。常见的有沉头木螺钉（又称平头木螺钉）、圆沉头木螺钉、半圆头木螺钉、六角头木螺钉。各种木螺钉的钉头开有"一字槽"或"十字槽"，如图 2-2 所示。

图 2-2 木螺钉

四、门锁

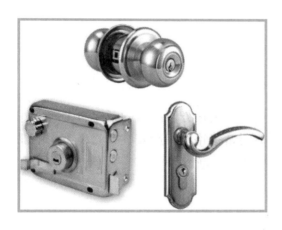

暗锁

分为复锁和插锁两大类，前者的锁体安装在门扇表面上，如弹子门锁类；后者的锁体安装在门扇边框内，又称"插芯门锁"，如执手锁类。常用的插锁有双保险锁和三保险锁。

明锁

日常生活中使用的普通锁，又称挂锁。明锁与锁扣合用，锁扣一般选用99.9~133.3mm 为宜。明锁在门的正面，背面（室内）则应安装插销，插销应用木螺钉安装。

五、窗钩

窗钩又称风钩，由羊眼和撑钩两部件组成，安装在木制窗上，用来扣住开启的窗扇，防止被风吹动，如图 2-3 所示。

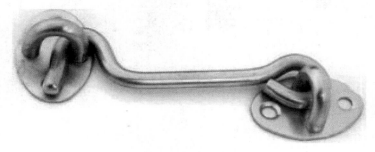

图 2-3 窗钩

六、拉手

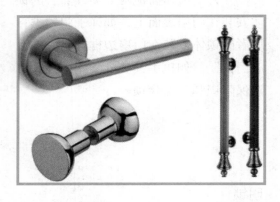

门拉手

作用是方便门扇的开启与关闭，外表通常镀铬，一般安装在门扇正面中部的适当位置。

窗拉手

作用是方便窗扇的开启与关闭，一般安装在窗扇室内正面中部的适当位置。

七、门制

脚踏门制

　　用来固定开启的门扇。

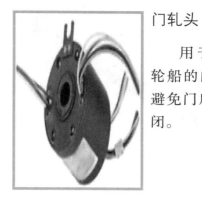

门轧头

　　用于火车、轮船的门扇上，避免门扇自动关闭。

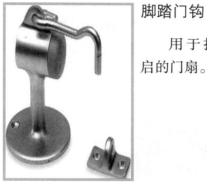

脚踏门钩

　　用于挂住开启的门扇。

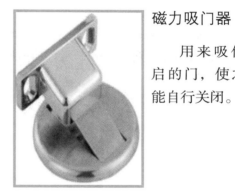

磁力吸门器

　　用来吸住开启的门，使之不能自行关闭。

八、门弹簧

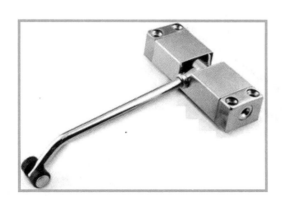

门簧弓

　　安装在门扇中部的自动闭门器，适用于单向开启的轻便门扇，作为短时期或临时性自动关闭门扇。

地弹簧

安装在开启门的底部。采用地弹簧的门扇具有运行平稳、静寂无声的优点，多用于影剧院、商店、宾馆等公用建筑的弹簧门扇上。

九、插销

插销是用来固定门窗扇用的，如图2-4所示。常用的有钢插销，分为普通型和封闭型两种。另外，还有翻窗插销、蝴蝶插销（门用横插销）、暗插销、铜插销等。

图2-4　插销

第三章 木制品选料与加工

第一节 木制品的选料

一、天然缺陷

活节

节子与周围木材紧密连接，质地坚硬，没有任何腐朽征兆的称为活节，也称紧节或健全节。

死节

节子与周围木材部分脱离或完全脱离的称死节，又称松节或腐朽节。

斜纹理

简称斜纹或扭纹，斜纹理用作受力构件时，就会降低强度，因此，受力的建筑构件不宜使用斜纹理木材。

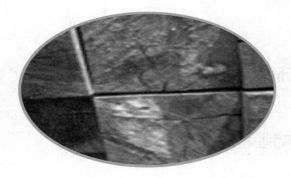

油眼

针叶材年轮内局部充满树脂的条状沟槽称为油眼。树脂流出后会损坏木材表面，所以，不适宜作胶合板等。

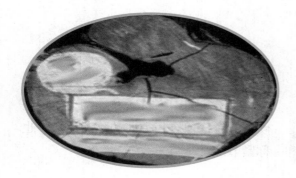

外夹皮

夹皮在圆木外表可见的称之为外夹皮。

内夹皮

完全包在木材内部的称为内夹皮。

弯曲

树干的主轴不在同一直线上就是弯曲。圆木弯曲有一面弯曲和多面弯曲两种弯曲形式。弯曲圆木会降低木材的出材率和木材的各种强度。

二、生物危害缺陷

腐蚀状腐朽

白腐菌侵蚀木材后，木材呈现白色斑点，外观似小蜂窝或筛孔，使材质变得很松软，用手挤捏，很容易剥落。

破坏性腐朽

褐腐菌侵蚀木材后，木材呈现褐色，表面有纵横交错的细裂纹，用手挤捏，很容易捏成粉末状。

虫害

虫害会在木材表面形成虫孔，排出粉末，通称为粉末虫或蛀虫。消灭虫害的方法是木材在使用前经过人工高温干燥或将防虫剂注入木材；在木制品上涂油漆，对抑制虫害的产生也有作用。

三、干燥缺陷

径裂

在木材断面内部，沿半径方向开裂的裂纹。

轮裂

在木材断面沿年轮方向开裂的裂纹。轮裂有成整圈的（环裂）和不整圈的（弧裂）两种。

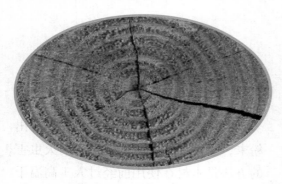

干裂

因木树干燥不均而引起的裂纹。通常分布在木材身上，在断面上分布的亦与木材身上分布的外露裂纹相连，通常称为纵裂。

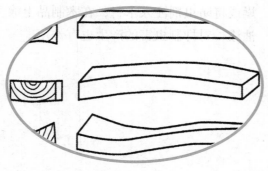

翘曲

木材的翘曲对木材的利用有严重的影响。因此，在选料时，不应选择有翘曲的板材和木枋。

所谓选料，就是要根据制品的质量要求，合理地确定各零部件所用材料的树种、纹理、规格及含水率。其要遵循的基本原则包括：充分考虑不同的材种具有不同的颜色、花纹和光泽；要认真检查木材的干燥质量以及缺陷状况；外用料要选择材质好、纹理美观、涂饰性能好的木材。

第二节　木制品的接合

一、榫接接合方法

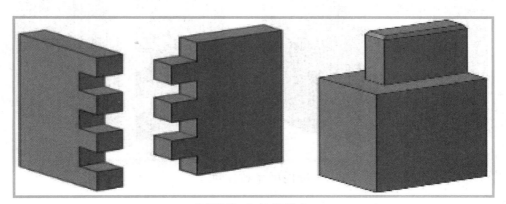

矩形榫（直角榫）

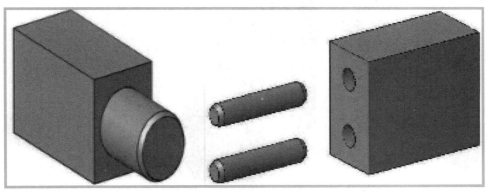

圆形榫

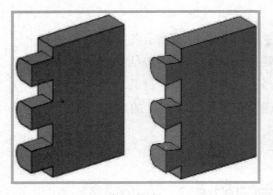

半圆形榫

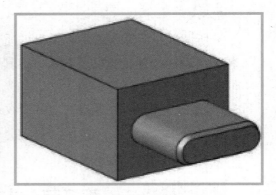

椭圆形榫

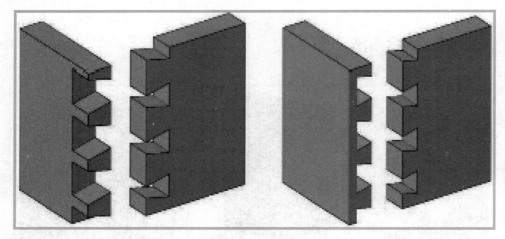

梯形榫（燕尾榫）

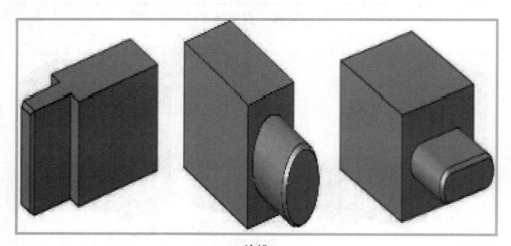

单榫

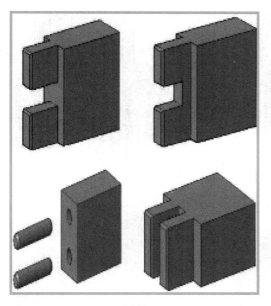

双榫

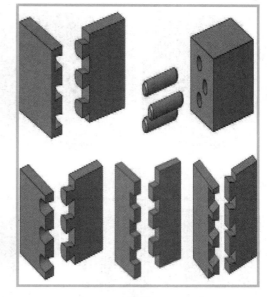

多榫

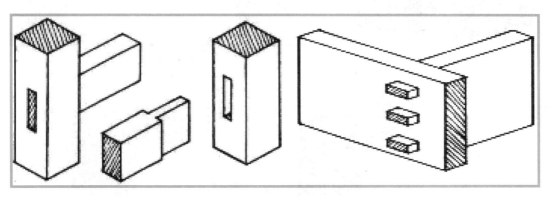

明榫（贯通榫）

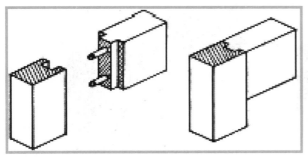

暗榫（不贯通榫）

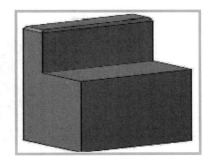

单肩榫

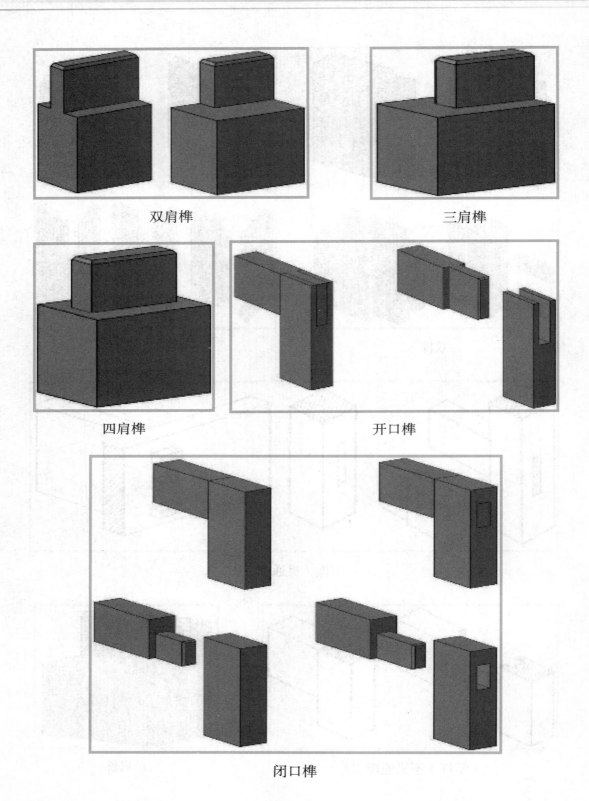

双肩榫   三肩榫

四肩榫   开口榫

闭口榫

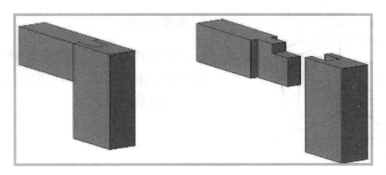

半闭口榫

二、楔接接合方法

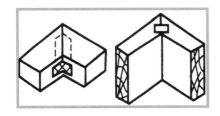

穿楔夹角接

木材穿楔夹角接的形式具有两种,一种是横向穿楔,另一种是竖向穿楔,具体做法为:先将两块料端头割成45°,开槽后穿楔。

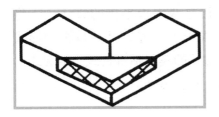

镶角楔接

当两板材角接时,两板端头锯成45°斜角,并在角部开斜角缺口,然后用另一块三角接合板进行胶合并加钉紧固。

明燕尾楔斜接

交接两块木板端头锯成45°的斜面,隔一定距离开燕尾榫槽,再用硬木制的双燕尾榫块楔入榫槽。为了使接合牢固可带胶楔接。

三角垫块楔接

将接合两块木板端锯成 45° 斜角，内部每隔一定距离加三角形楔块、带胶楔接，并用圆钉紧固。

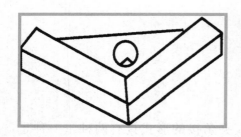

角木楔接

在两木料接角处装置角木楔，进行楔结合，适用于角接内部空间不影响使用时情况。

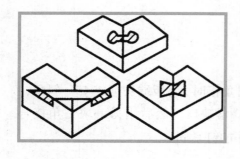

阔角楔接

阔角楔接是两木板平接的方法。先将两板端头锯成 45° 斜角，然后按楔的形式开槽，一般常见的楔包括哑铃式、银锭式、直板式三种，操作方便。

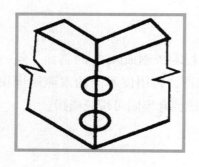

明薄片楔斜接

将两接合木板端割成 45° 斜角，再用钢或木制的薄楔片楔入角缝中。这种方法通常用于简单的箱类制作。

三、搭接接合方法

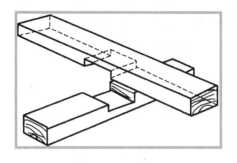

十字形搭接

能够兼顾相交档料的各向纤维强度。在制作时，按照画线，先用框锯将挡料沿直向纤维锯断，然后用薄凿把中间部分凿去修平。十字形搭接在木作构件制作中，被广泛采用。如桌子的交叉挡，木床背内框架衬挡的相交处。

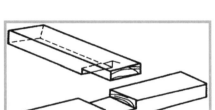

丁字形搭接

多用于薄档料的简单接合，如家具衬挡间的接合。

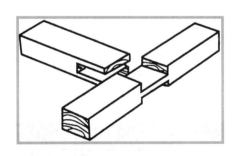

岔口丁字形搭接

比上述搭接稳固，若用于斜交木构件接合，其制作比普通榫接更方便。岔口搭接与螺栓接合同时使用，能够承受较大的压力。如屋架横梁与直柱的接合，受力货架的横档与直脚相接处。

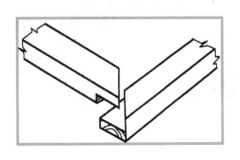

对角搭接

外表美观，制作简便，但接合强度较差，对角多数为45°。它在家具中用得较多，如镜框、照相框对角处。

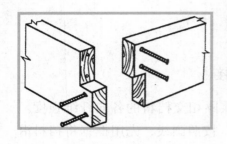

直角相缺搭接

制作简单，但接合强度较差，常用于一般抽屉侧板和背板的接合、普通箱体的板块垂直接合处等，常配用螺钉以加强接合部位的连接强度。

第三节　加工操作技能

一、木工的操作基础

1. 技术基础

无论进行哪种操作之前，都要认真识图，根据图纸的正常要求进行加工。

一定要按图纸的要求，精确测量尺寸（图 3-1），在明确图纸要求具体尺寸之后，就可以在原材道上进行画线（图 3-2）。

图 3-1　测量尺寸

图 3-2　画线

画好线后就可以进一步锯直、刨平或凿榫，这也是木工的基本功（图3-3）。

　　　　　a）锯直　　　　　　　　　　　　　　　　　b）刨平

c）凿榫

图3-3　木工的基本功

2. 安全基础

　　（1）安全防火　必须特别注意的是，无论是天然还是人造板材，都是非常容易燃烧的物质，在加工生产的过程中，一定要远离火源，并且现场要备有灭火器械（图3-4）。

图 3-4　灭火器械

（2）安全用电　时刻注意安全用电，尤其是在安装刀具和调试机器的时候，千万要拉闸断电，并且挂上请勿合闸的警示标志（图 3-5）。下班时，要关闭总闸，锁好闸箱。

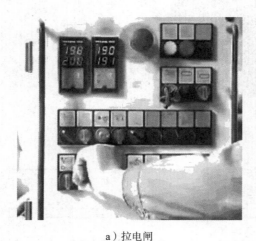

a）拉电闸　　　　　　　　　　　　　　　　b）放警示标志

图 3-5　安全用电

二、十字榫的制作

1. 标记位置，将两根木头垂直搭接在一起，标记两边搭接宽度线。

2. 扩展标记其他三个面，即左右两侧也采用笔或画线刀的组合方式画线。

3. 把下面的木头翻转上来，重复前两步的内容。

4. 定位两根木头在所需榫接的位置和标记工作面。

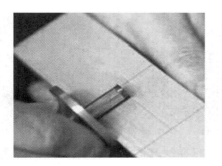

5. 设置厚度标记，切除厚度为每根木头的一半，在两面同时标注深度标记。

6. 用画线刀准确划出将要裁切的边缘，确保两根木头精确穿过彼此。

7. 使用一个小的榫锯，在切割标志线处准确垂直裁切直到所标记的深度标记。小心不要切断、切过深度标记。

8. 用一个斜边凿消除多余部分，以水平方向从一块边缘处裁切。

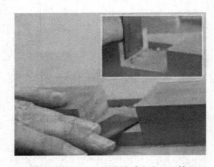

9. 使用凿刀，削裁每个工作面，并保证每一个面的平滑。

10. 检查两件的配合程度，必要时进一步削减调整。当安装好后，可抹胶加强胶接，用钳紧固加强，待胶干后松开。

三、燕尾榫的制作

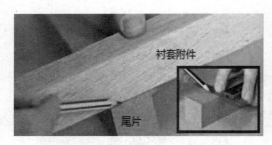

1. 尾片顶部预留 2mm 突出端头。用铅笔做好标记，线延伸到尾件的所有四个侧面。

2. 在衬套附件上标记位置，使用尾片作为指导。

3. 决定尾片和衬套附件裁切的深度，并且给周围的边缘和尾片（插入件）的厚度做测量。

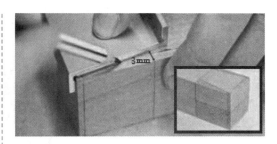

4. 使用燕尾标计作为画线依据，从尾片顶端向内画线到肩部。从肩边缘设置标记至少 3mm。用阴影线的方式标记将要裁切掉的部分。

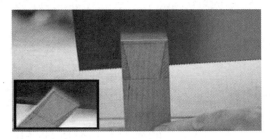

5. 裁切尾片。以一定角度把尾片固定在一台钳中，并使用榫锯从尾片的背面开始裁切多余的部分。向下裁切到肩部。

6. 采用斜角法凿边，沿尾部的后面肩线切 V 形槽。

7. 通过交叉线用锯裁切掉榫肩线外多余的部分。

8. 将裸露出的部分进一步裁切干净。

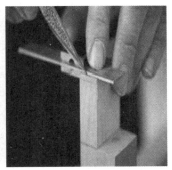

9. 标记尾片顶端多余的部分。

10. 用台虎钳固定好尾片，用榫锯裁切掉尾片顶端至肩部多余部分。重复切割尾片的另一侧。

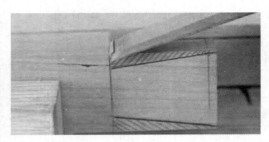

11. 在台虎钳上固定好尾片，沿尾片肩线的边缘凿出 V 形槽。

12. 清理前两部裁切后的肩部。

肩部对齐

13. 用尾片的肩部和衬套附件搭接处对齐。

14. 在衬套附件上做好需要裁切掉的部分的标记和需要裁切下的厚度，然后用榫锯仔细裁切。

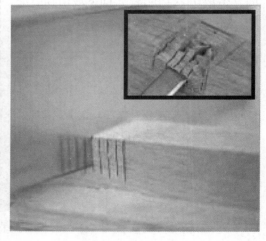

15. 用凿子凿掉上一部标记好的多余的部分。

16. 测试插接件的配合，并根据需要进行调整。锯断尾片顶端和平面齐平。

17. 完工。

第四章 木门窗制作安装

第一节 木门的制作与安装

一、门的分类

镶板门

构造简单，一般加工条件可以制作；门芯板通常用木板，也可以用纤维板、木屑板或其他板材代替；玻璃数量可根据需要确定。适用内门及外门。

拼板门

构造简单，坚固耐用，门扇自重大，用木材较多；双层拼板门保温隔声性能较好。一般用于外门。

胶合板门

外形简洁美观，门扇自重小，节约木材；保温隔声性能较好；对制作工艺要求较高；复面材料通常为胶合板，也可以采用纤维板。适用于内门。

玻璃门

外形简洁美观，对木材及制作要求较高；须采用5~6mm厚的玻璃，造价较高。适用于公共建筑的入口大门或是大型房间的内门。

平开门

　　有单扇和双扇门，此种门使用普遍，凡居住和公共建筑的内、外门均可采用；作为安全疏散用的门通常应当朝外开。

弹簧门

　　开关方式同平开门，唯因装有弹簧铰链能自动关闭，适用于有自关要求的场所、出入频繁的地方如百货商店、医院、影剧院等。

推拉门

　　开关时所占空间少，门可以隐藏于夹墙内或悬于墙外；门扇制作简便，但五金件较复杂，安装要求较高。适应各种大小洞口。

转门

　　用于人流不集中出入的公共建筑，加工制作复杂，造价高。

折叠门

　　适用于各种大小洞口，特别是宽度很大的洞口，五金件较复杂，安装要求高。

卷帘门

　　适用于各种大小洞口，特别是高度大、不经常开关的洞口。加工制作复杂，造价高。

二、木门门套的制作

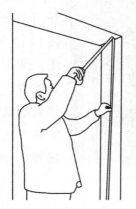

1. 用卷尺量门洞的高与宽。测量位置线，确定门框的位置，用墨斗弹拉出垂直线，一侧门洞弹拉两条垂直线。

2. 在垂直线上用冲击钻打眼，孔眼与孔眼之间的距离约为 30cm，一侧门两排共 10 个孔眼。冲击钻的钻头应为 12mm，所钻孔眼深度约为 6cm。

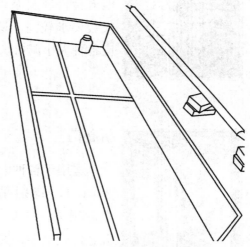

3. 将小木楔用铁锤逐个钉入孔眼，以便固定门框板。

4. 用实木胶和气排钉将门套的立板和上面板固定在一起。

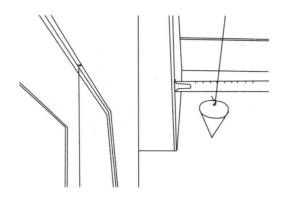

5. 将门框放到门洞上，按墙面的水平线为准，门框下拿木头或者砖头垫起，调节门框的高度。下面预留 5cm 埋在地板的龙骨中。在门框的上面钉一个钉子，把线垂挂上，通过线垂来调整门框的垂直，一边衡量一边用麻花钉将门框固定在门洞上。

6. 制作门脸的线条。门脸可以是现成买的，也可以是施工人员按照图纸做出来的。制作完成后，就把门脸固定到门框上，这样门套就基本完成了。

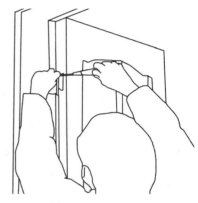

7. 把门放到门套上比画好，确定合页在门套上的具体位置，再按合页的厚度切出口径。也切出锁套的口径。将门安装到门套上，合页用螺钉旋具将螺丝钉拧紧。注意门与门套的间隙不得大于 1.5mm，以顺畅开关门为准。

三、木门的制作

木门制作工艺流程：弹造型线→开卸力槽→贴九厘米板→贴饰面板→封边→安装门扇

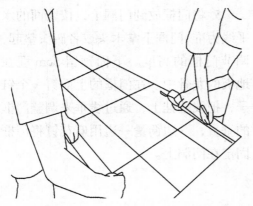

1. 弹造型线。按设计要求画出尺寸线、造型线。

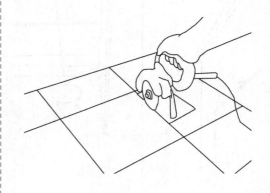

2. 开卸力槽。

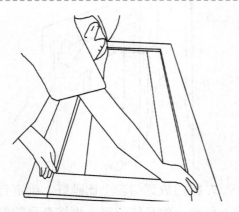

3. 贴九厘米板。

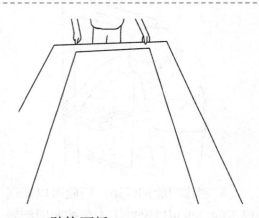

4. 贴饰面板。

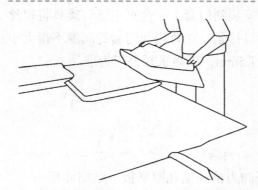

5. 平放，压3天左右，要求水平；确保门顺平。

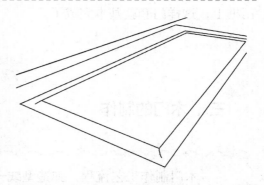

6. 镇压完成后，用修边机抠掉饰面板多余部分，显现出造型。

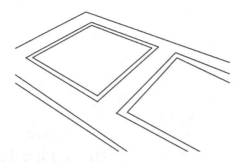

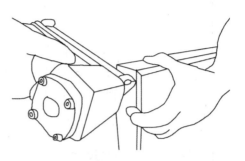

7. 根据设计要求，在凹下去的部位安装装饰木条。

8. 封边。

9. 修整。门封完边，放置两天，待胶干后进行加工，修掉多余部分。

10. 安装门扇。

四、木门的安装

木门安装工艺流程：测量→门套切割→组装门套→安装门套→安装合页→固定门扇→安装门线条→安装门锁→安装密封条→安装门吸→验收

1. 测量。测量门洞尺寸。

2. 门套切割。根据测量的门洞尺寸，加工门套。切割时要注意切口不能爆漆，要光滑，平直。

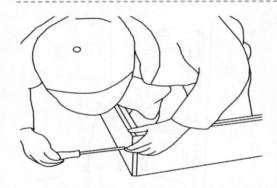

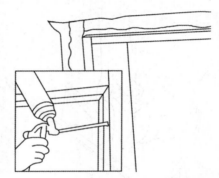

3. 组装门套。使用电转和自攻螺钉将门套按加工好的尺寸组装好。

4. 安装门套。将组装牢固的门套整体放进门洞内，用小木条将门套四周大致固定，并使用发泡剂对缝隙进行填充和固定。

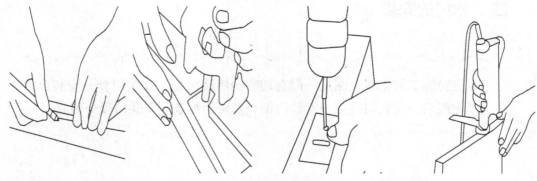

5. 安装合页。通过专业工具在门扇和门套上开槽，安装合页。

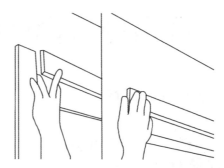

7. 安装门线条。将门线条切割成需要的尺寸，抹胶后安装。安装中注意拼接的细节，缝隙要紧密对称、平整。

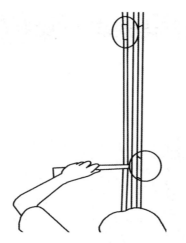

6. 固定门扇。门扇的固定决定了门与门套和地面的间距，所以一定要仔细核对检查。

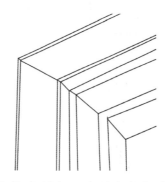

9. 安装密封条。密封条能提高门的密闭性，减小木门关闭时的声音。

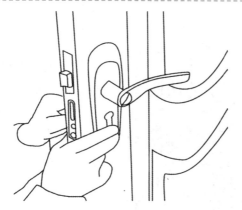

8. 安装门锁。确认好门锁的开孔要求，仔细保护好木门的表面，避免施工中对木门的损伤。

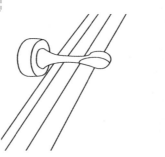

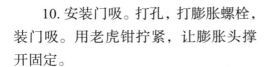

10. 安装门吸。打孔，打膨胀螺栓，装门吸。用老虎钳拧紧，让膨胀头撑开固定。

第二节　木窗的制作与安装

一、窗的分类

平开窗

构造简单，开关灵活，制作、安装、维修均较方便，为一般建筑中使用最为普遍的一种类型。

上悬窗

在窗扇上边装铰链，窗扇向上翻启，外开，防雨性好，但受开启角度限制，通风效果较差。

中悬窗

在窗扇侧近装水平转轴，窗扇沿轴转动。其构造简单，通风效果好，多用于高侧窗。

下悬窗

在窗扇下边装铰链，窗扇向下翻启。下悬窗占室内空间，多用于特殊要求的房间或室内高窗。

立转窗

在窗扇上、下边装垂直转轴，窗扇沿轴旋转，引风效果好，多用于低侧窗或三窗扇的中间窗扇。

水平推拉窗

在窗扇上下边装有导轨，窗扇沿水平方向移动。

垂直推拉窗

在窗扇左右两侧边装上导轨，窗扇垂直方向移动，不占室内空间，窗扇受力状态好，适宜安装较大的玻璃，通风可以随意调节，但面积受限制，五金件及安装较复杂。

固定窗

玻璃直接安在窗框内，构造简单，只起采光作用，密闭性好。

二、木纱窗的制作

1. 按门窗尺寸锯纱窗木料，平刨后打磨。

2. 在小锯床上开槽。短板上的槽口用来使纱窗在轨道上滑动。长板上的开槽（包括短板的另一边）是用来固定纱网的压条。

3. 在靠近纱网的一边，开出一个 2mm 宽、1mm 深的台阶，类似相框的内边处理。

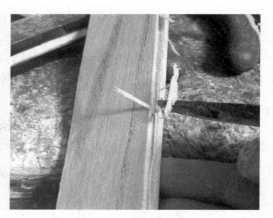

4. 用雕刻刀修理装饰槽。

5. 用海口刨刨弧形边。

6. 开始修复缺口部分，先用雕刻刀修出一个台阶面，再用稍大一点的同一块颜色的木料粘接上去，用铁夹夹紧，等待干燥。

7. 待胶料完全干燥后，重新打磨，使其修复的尽量和原来一样。

8. 开始锯下交叉的前后部分木料，用锉刀打磨平整，有些地方还要上胶料粘接的。

9. 在木条的正面均匀打孔，安装纱网用。采用沉头螺钉，所以打好孔后还要用砂轮 90°扩孔。

10. 制作铝合金 90°挂角。

11. 安装时要保证直角，所以，用角尺靠住，涂上胶料后，用直角部件前后上紧螺钉固定。

12. 在背面用事先准备好的木头压条压住丝网，从正面用沉头螺钉把木条固定住，边上螺钉，边收紧纱网，直到全部螺钉上完。

三、百叶窗的制作与安装

1. 木材下料。先测量窗户的尺寸，再根据窗户设计百叶窗的效果图和各部件的样式规格，再根据百叶窗部件的尺寸需求从已经开好的原料上切割木料。主要是百叶窗的立柱、叶片和拉杆等，切割好木料后再进行精加工。

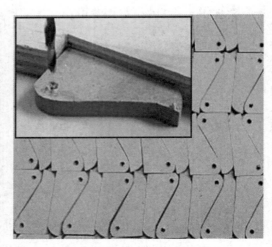

2. 做叶片扭。先制作一个转动叶片的小扭片，再用切割机把密度板切割为长方形木片。然后，依照自制好的小扭片在密度板块上画出扭片造型，再给密度板制作的小扭片进行打磨。最后，在小扭片的一角上用台钻钻孔。

3. 制百叶片。先把做好的百叶板块用铣刀做出造型，即在百叶板斜对角做成弧形边，这样百叶片开关时不会相互咬边，关闭时能更加严实。然后，在叶片一端中间位置钻出圆孔，大小与细钢丝一致。另一端用木工胶水粘上制作好的小扭片，并用气枪或者铁钉在小扭片两端加固在叶片板上。最后，用台钻钻出安装钢丝条的圆孔。

4. 上百叶片。先制作好百叶窗的框架，并在框架内侧立柱上用手钻钻好钢丝条的圆孔，用于把百叶片固定在立柱上的转轴。这样，两端把钢丝条套在百叶窗上，再穿入立柱，起到一个百叶片的转轴作用。最后，用裁口刨做出百叶窗窗口的半槽边接。

5. 组装百叶窗。把制作好的百叶片按顺序一个个组装在两侧立柱上。接口处涂上木工胶，并用木螺钉加固。

6. 制作拉杆。先制作一个长木头用于作开启百叶片的拉杆，再把安装好百叶片的百叶窗平放在木工桌上。先用木料压平百叶片，使之处于关闭状态，再把拉杆木头放置在用于转动叶片小扭片边侧，然后用木螺钉把叶片上的小扭片固定在拉杆上即可。

7. 安装完工。在安装的时候，先要测量尺寸，然后按照固定的方式或者是平开的方式将百叶窗合理科学的安装到窗户上。

第五章 木装修工程施工

一、吊顶类型

平面吊顶

迭级吊顶

异型吊顶

直线吊顶

弧线吊顶

混搭吊顶

穹形吊顶

栅格吊顶

玻璃式吊顶

二、木龙骨吊顶

1. 木龙骨上必须刷上防火涂料。

2. 根据图纸在顶棚放水平线。用卷尺在墙顶左右两边，以吊顶的宽度数据分别定出两个点，用墨斗弹线，以水平线为基准，确定吊顶在墙顶的宽度。

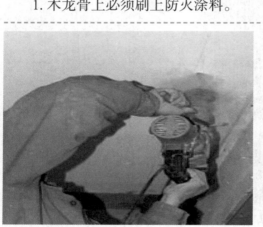

3. 用冲击钻在墙顶的水平线上打眼，为了保证龙骨的稳固性，孔眼间距宜保持在 30cm 左右。

4. 木龙骨通常采用木楔加钉来固定。

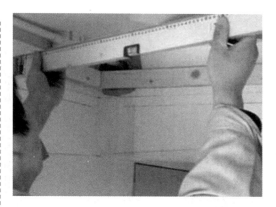

5. 按墙顶的水平线钉木龙骨。

6. 按图纸钉好木龙骨外框，再次测量吊顶龙骨做的是否平直，如果不平直要进行修改。

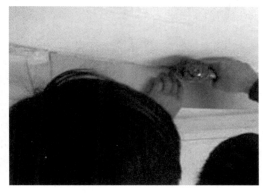

7. 封饰面板一定要用干壁钉，然后用建筑线衡量吊顶是否水平。一些特殊的造型，如弧形，需要两个人一起作业。

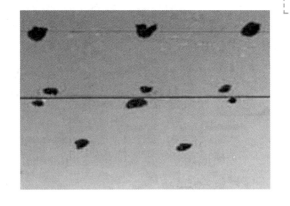

8. 饰面板朝向一致。干壁钉上要涂刷防锈漆。第一遍涂完，等晾干后再涂一遍，保证每个干壁钉都涂刷到。

三、轻钢龙骨吊顶

1. 弹线。

2. 安装主龙骨吊杆。

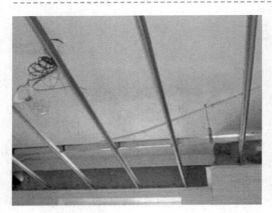

3. 安装主龙骨。

4. 安装次龙骨。

5. 安装边龙骨。

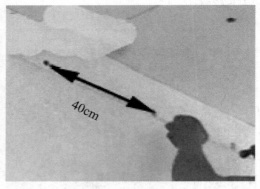

6. 墙固定边龙骨的木楔之间的间距不能超过 40cm。

7. 固定板材的副龙骨间距不大于 60cm。

8. 龙骨不够长时，要用专用的插接件来联接，而且插接件要与相邻插接件错开。

9. 龙骨找正。

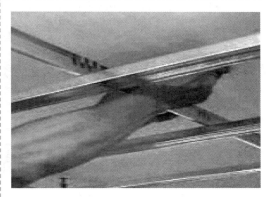

10. 中心部位还要起拱。

11. 安装纸面石膏板等饰面板时，螺钉要从板的中间开始向四周固定。

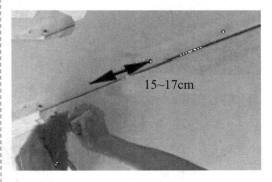

12. 固定板材的钉子的密度，板子边缘的距离应该是 15~17cm。

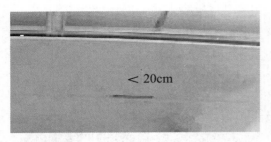

13. 板子中间的钉距不得大于20cm。

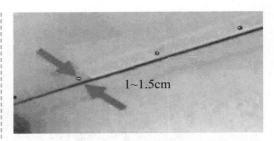

14. 钉子和没有切割过的边的距离为 1~1.5cm。

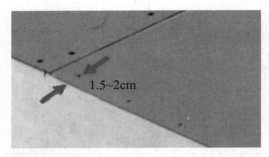

15. 钉子和切割过的边的距离应为1.5~2.0cm。

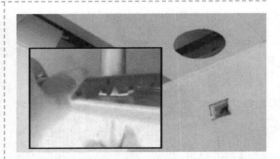

16. 如果吊顶上有开孔的话，周围要进行加固处理。

第二节　隔墙（隔断）

一、隔墙（隔断）类型

板材隔墙

玻璃隔墙

玻璃砖隔墙

砌块式隔墙

骨架隔墙

屏风隔断

置物架隔断

几何图案隔断

实墙隔断

铁艺隔断

木栅栏式隔断

帘子隔断

绿色植物隔断 　　　　　　 多功能隔断 　　　　　　 落地罩式隔断

二、木龙骨隔墙（隔断）

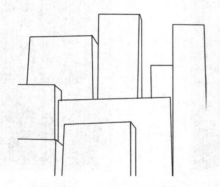

1. 选择符合强度要求的木材。

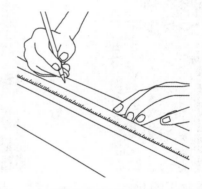

2. 在地梁骨上标注龙骨的间隔位置。

3. 测量墙体高度。

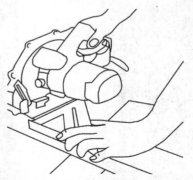

4. 根据测量结果按尺寸要求进行切割加工。

5. 利用铆钉等工具将木龙骨架组装完毕。

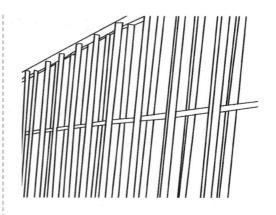

6. 将龙骨架安放到位。

7. 检查墙体是否和地面、墙面吻合。

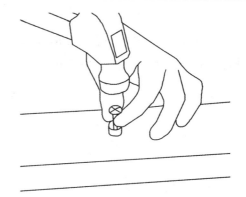

8. 用锚栓将墙体与地面固定。

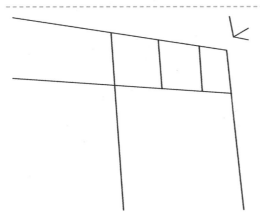

9. 安装石膏板。

三、轻钢龙骨石膏板隔墙（隔断）

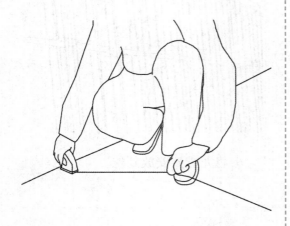

1. 在地面弹出横龙骨（U形龙骨）外包定位线，注意预留石膏板的厚度。

2. 在顶棚的相应位置弹出横龙骨外包定位线。

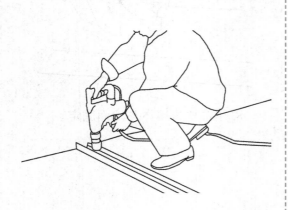

3. 用适当固定件将横龙骨以60cm间距分别固定于地板与楼板上。

4. 以60cm的间距固定端墙竖龙骨（C形龙骨）。

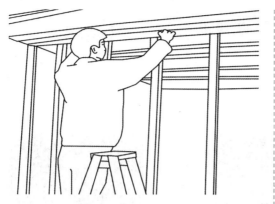

5. 将端墙支撑卡扣合在端墙竖龙骨上，并在两边各用两个平头自攻螺钉固定。

6. 将竖龙骨从一端以 40cm 间距同向垂直地插入横龙骨之间，并用平头自攻螺钉固定。

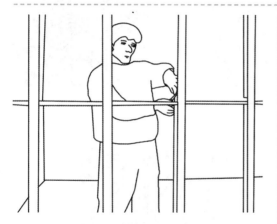

7. 将贯通龙骨插入竖龙骨开口内，并将开口处的两个小叶片复位，以固定贯通龙骨。

8. 用石膏板自攻螺钉以距板边 20cm，板中 30cm 的间隔从墙的一端开始固定石膏板。

9. 可视需要放置并固定玻璃棉。在龙骨另一侧错缝固定石膏板。

第三节　木质地板

一、木地板种类

实木地板

竹木地板

软木地板

强化复合木地板

实木复合地板

二、实木地板的铺设

1. 清扫地面。

2. 确定地板铺设方向。

3. 打龙骨。

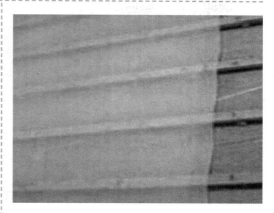

4. 铺防潮垫。

5. 地板预铺。

6. 安装地板。

7. 预留缝隙。

8. 安装踢脚线。

9. 安装压条。

注意事项：

1. 注意龙骨的含水

未经干燥的木龙骨含水过高，容易造成木地板起拱、漆面爆裂。要选用干燥、条直的木材做龙骨为宜，确保龙骨水平后再将龙骨与地面用钢钉固定。

2. 注意地面平整度

确保地面干燥、平整、无杂物，通常地板安装应在其他装饰工程完成后进行，地面不平会使部分地板和龙骨悬空，踩踏时就会发出响声。

3. 注意地板长度方向

施工时，一定要注意地板长度方向应与进门方位保持一致，以保证良好的视觉效果。

4. 注意地板固定方式

施工中，采用打木楔加铁钉的固定方式，会造成因木楔与铁钉接触面过小而使握钉力不足，极易造成木龙骨松动，踩踏地板时就会出现响声。

三、复合地板的铺设

1. 直接粘贴法

1. 基层处理。木地板粘贴式铺贴要确保水泥砂浆地面不起砂、不空裂，基层必须清理干净。

2. 地板处理。选环保性较好的木工胶水，粘贴木地板涂胶时，要薄且均匀。

3. 钉地板。钉钉子主要目的就是稳定地板，阻止其变形。

4. 打蜡。木地板采用手工打蜡效果更加明显、亮丽、逼真。

2. 悬浮铺设法

1. 找平地面。平整度误差大的用水泥砂浆全面找平，否则局部找平。

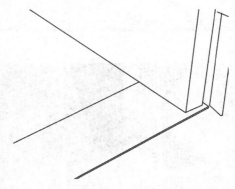

2. 地面找平后，试着铺上地板注意查看门口是否开合顺畅。

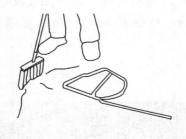

3. 清洁地面。铺装地板前，最好对地面进行清洁。

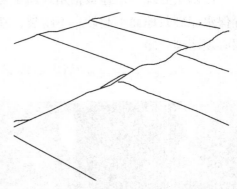

4. 地面防潮处理。地板铺装前，先在地面上铺上专用的地板垫。

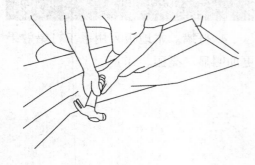

5. 地面处理。铺装过程中，发现局部地面不平时，要及时处理。

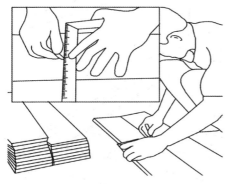

6. 地板处理。可借助量尺和铅笔等工具确定地板需切割的尺寸。

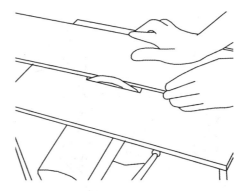

7. 地板切割时，切割工具要快捷，切割的锯路要直且无飞翔。

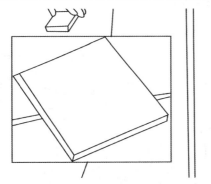

8. 预留踢脚线位置。将厚度一致的小木块放置在墙边，预留空间。

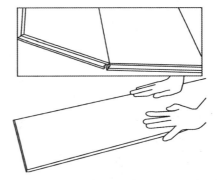

9. 将地板榫合和榫槽对准，然后压平。

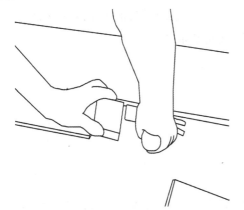

10. 为保证地板拼接紧密，还需借助锤子等敲打。

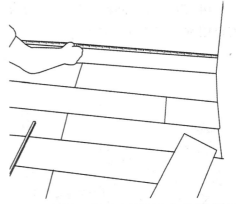

11. 用卷尺等工具测量出各段需要的踢脚线长度。

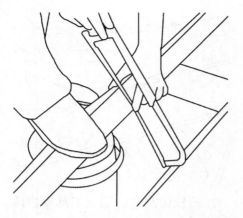

12. 根据需要的长度，用锯齿等工具进行切割。

13. 将预留位置的小木块取下，然后将踢脚线卡进缝内。

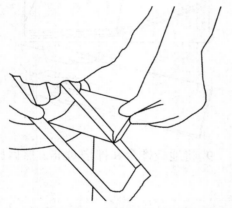

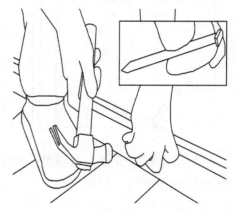

14. 为了使不同段的踢脚线契合，需要用锯齿切割插接件。

15. 用锤子将地板钉钉入踢脚线，使之与墙面固定。

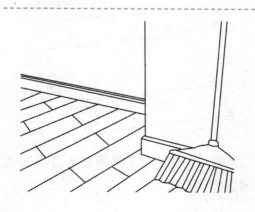

16. 安装完成之后，注意清洁打扫干净。

第四节　木楼梯

一、楼梯种类

单跑直楼梯

双跑直楼梯

双跑平行楼梯

三跑楼梯

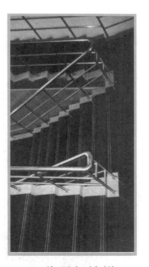

双分平行楼梯

双合平行楼梯

转角楼梯

弧梯

剪刀楼梯

中柱螺旋楼梯

伸缩楼梯

折叠楼梯

无中柱螺旋楼梯

双分转角楼梯

二、木楼梯的制作

1.用杉木集成板做的骨架。在墙上画好楼梯样后转画在板上。

2.楼梯脚垫的安装。横向拧入螺钉，在落脚处纵向拧入螺钉。

3.装好的楼梯骨架。

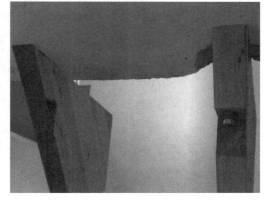

4.楼梯骨架顶板与楼梁是用螺杆联接的。

5.上楼板。楼梯板是用二层杉木集成板叠加，外用黄酸枝面板胶贴而成。

三、木楼梯的安装

1. 在踏板后面上锁扣。

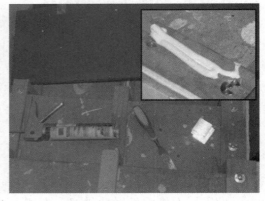

2. 给龙骨上打上硅胶，然后踏板放上去。

3. 用橡胶锤子把踏板往里敲，让踏板上的锁扣和龙骨上的锁扣扣紧。

4. 在靠近立板的地方左右钉上 2 个小钉子。

5. 装立板。直接打上硅胶，然后直接粘到龙骨上。

6. 重复以上步骤，装好踏板立板。

7. 安装踢脚线。踢脚线就是全部用硅胶粘上的。

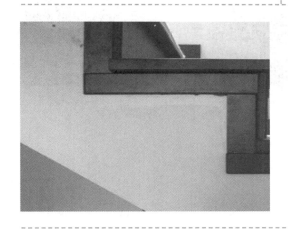

8. 封边条。和踢脚线差不多。

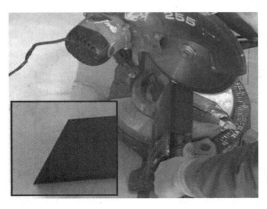

9. 安装扶手立柱。因为扶手是有一定坡度的，所以，每一根中柱都要算好坡度以后再下料。

第五节 护墙板

一、护墙板分类

满墙护墙板   半墙护墙板   弧形护墙板

二、护墙板风格

中式风格   欧式风格

法式风格

美式风格

地中海风格

新古典风格

简约风格

三、护墙板的安装

1. 护墙板在面漆房里自然烘干。

2. 在护墙板后面的钉 12mm 厚的挂条。

3. 护墙板与基层之间通过挂条固定。

4. 护墙板之间留有 5mm 的工艺槽。

5. 安装工艺条。

6. 局面护墙板安装好后的效果。

第六节　电视背景墙

一、背景墙材料种类

涂料背景墙

瓷砖背景墙

电视柜架做背景

装饰物品装点背景墙

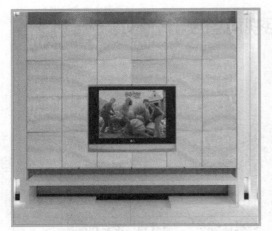

石材背景墙

木质背景墙

玻璃背景墙

手绘背景墙

硅藻泥背景墙

石膏板背景墙

二、木质饰面板背景墙安装

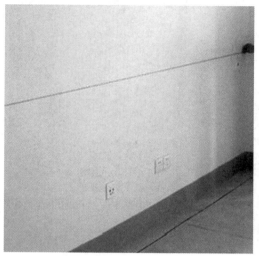

1. 在施工之前，先对墙面进行弹线分格与基层处理等准备工作。

2. 木质饰面板常采用龙骨安装，根据背景墙实际大整片或分片将木龙骨架钉装上墙。

3. 完成龙骨安装后，将饰面板钉上龙骨。

4. 饰面板缝隙间需要用玻璃胶密封。

三、木地板背景墙安装

1. 墙面在铺装前需要对墙面进行找平。

2. 防水，墙面找平后对墙面进行防水施工，以防止地板受潮。

3. 在墙面上打上龙骨，龙骨间距根据地板宽度而定；也可以在墙面上使用大芯板等板材做底板，将之钉装在墙面上。

4. 墙面较大面积铺地板时，其收边很重要，现在一般都用相框收边。

四、木线条背景墙安装

1. 选择木线条时，要求材料背后切面平整，表面光滑平整、保护漆均匀。

2. 根据木线条宽度进行弹线，为了使木线条固定牢固，可先在墙面上装订木楔子。

3. 采用钉装的方法安装木线条，在凹槽位或背视面时使用射钉固定，要求钉头应砸扁冲入，木线条固定墙上不出现松动，然后可辅以粘胶。

4. 间隔木线条进行拼接，断面使用粘胶拼口，要求拼口顺滑，整体对齐平整。

第六章 木工制作实例

1. 拼接木料。

2. 锯切凳板。使用木工夹固定拼接好的凳板。开始切割材料时，需将锯片垂直、轻轻地放置在木料上，使锯片和锯料构成90°角，开锯路时锯口要直，避免锯片"跑偏"。

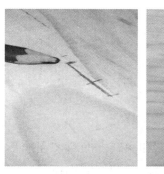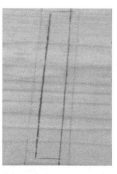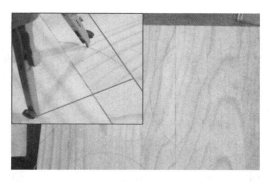

3. 画线开榫。将切割好的板凳木料放在工作台上，先用铅笔和直尺标出造型的位置，再用圆规画出小板凳凳腿的三面圆弧形图案，然后，用铅笔和直尺画线标出凳腿的榫卯位置和长度。画线的时候注意尺寸的标准，以及标出需要切割或者开榫的位置。

4. 借助开榫辅器在台锯上加工榫头，顺序为先锯榫颊，再锯榫肩。凳面、凳腿面夹固于开榫辅器上时，要在凳面与辅具之间垫放木块，以保护凳面和凳腿面。

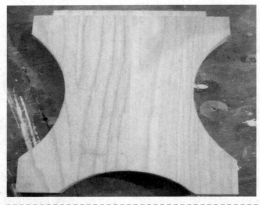

5. 切割造型和净料。净料"在准不在光"，要求最后整理好的小板凳凳面和凳腿直、平，尺寸一致，直角精准。

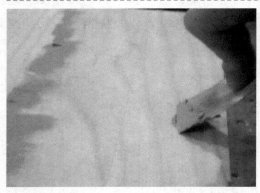 

6. 上腻打磨。用刮灰刀均匀平整地将透明腻子刮涂板凳面表层，以填平板材表面导管纹孔。把刮好腻子的凳面放在无灰尘处让其风干。等透明腻子完全干后，对凳面整体进行打磨，然后把磨屑清理干净即可。

7. 组合安装。把制作好的两个凳腿、一个凳面和一个横撑连放在工作台上准备组装。榫头涂上木工胶水，插入榫口，然后用木工夹夹好，待木工胶水干后即可。

8. 打磨上漆。由于凳子的打底腻子比较细，在打磨时如发现磨不动的情况，可能是腻子粉覆盖了砂纸，抖掉粉尘即可恢复砂纸的打磨力。打磨的时候要注意板凳的转角处，每一个细部都要打磨仔细，打磨好后要记得清理表面粉尘。

9. 完工。

第二节　书架

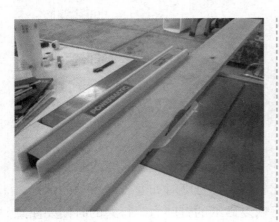

1. 木材下料。

2. 切割角度。

3. 开槽和开榫。使用专业工具对木板进行 45° 角的黏合开榫和开槽。

4. 黏合。使用木工胶水将木板连接，并且使用专业固定装置固定，保证木板黏合时间和烘干时间。

5. 书架的背板。背板采用半背板、侧边开槽的样式，和侧板一样开榫、开槽。

6. 打磨。选用不同规格的砂纸打磨，先粗砂纸后细砂纸。

7. 固定定型。当涂上木工胶水连接后要使用专用工具对书架的整体进行全方位的固定，黏合时间不小于 24h，固定时间不小于 36h。

8. 打磨边缘。用砂纸打磨连接的边缘和成体的边角。

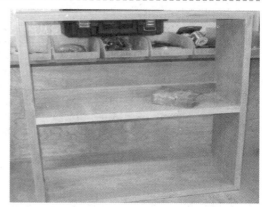

9. 手工打磨。用砂纸按照先粗后细的原则，仔细打磨。

10. 去除粉尘后涂刷油漆。涂刷油漆表面保护层后即完工。

第三节　餐桌

1. 将杉木用电圆锯开成 50mm × 50mm × 730mm 作为桌腿。

2. 雕刻机装上直径 20mm 的圆底刀，在桌腿上面开出凹槽，然后用加长的修边刀修成锥形，桌腿四周用圆角刀倒一下。

3. 修边机装上清底刀开榫槽。

 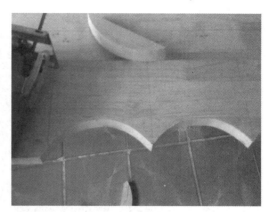

4. 做桌裙，裙高 150mm。先画圆弧，再用曲线锯锯出圆弧。

5. 用修边机开榫头。

6. 刷胶并组装桌腿。

7. 电圆锯调整到 45° 斜角，裁切出桌子四角的加固件——角码。

8. 在装桌腿的位置沉头钻钻出沉孔。

9. 安装固定桌裙和桌腿。

10. 上桌面板。桌面板的规格是 1200mm × 800mm，厚度是 20mm。

11. 在桌腿与桌裙相接处开沉孔的方法，每边再用两颗螺钉固定，固定好后沉孔用钉眼腻子补好。

12. 桌面、桌腿及桌裙用角码联接。

13. 打磨、上漆。

第四节　床

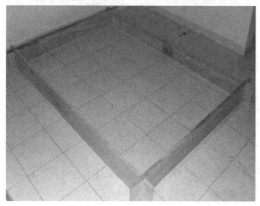

1. 制床架。先把床垫放在地上，然后把用于制作床架的四根方木围于床垫四周，并用铅笔标出床架的相对位置，相应画出十字榫的位置，再用木工锯锯出十字榫的卡槽,套进后呈十字交叉状。

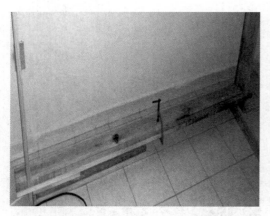

2. 打床梁。首先，切割两根长度略小于床架的床梁。然后，把切好的 2 根床梁放在床架两边的内侧，位置要低于床沿，再用 C 夹固定好，并在上面用木螺钉加固即可。

3. 铺床板。先用卷尺量好床板需要的宽度，再开始铺床板。床板与床板之间采用灵活的半槽拼接（或者舌槽边接）。

4. 锯床腿。用铅笔画出床架四角十字榫的外置，再用木工锯锯出十字榫卡位。把床腿卡上床架上面，并切除多余的部分（内侧），最后组装上即可。

5. 炭化木。用氧焊枪烧烤，使木材表面具有一层很薄的炭化层。炭化处理好后，再开始全面打磨，最后上清漆。

第五节　床头柜

1. 做主柜架。先用木工锯切 52cm × 35cm 的 2 块侧板和 1 块 60cm × 35cm 的面板，再切割 6 根长为 35cm 的方木料，然后把 6 根方木料分别用木工胶水固定在两边的侧板上面。

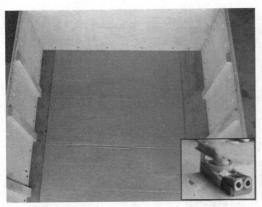

2. 在侧板和面板上用手钻打好圆木榫卯眼，再插入涂上木工胶水的圆木榫。

3. 制作前后两个柜架。先切割方木料，然后采用斜孔圆木榫结构联接木框架，再在木框架中间加上拉条。

4. 主柜架体和两个木框架制作好后，再把木框架固定在主柜架体上面。同样，用手钻分别在主柜架体和木框架上制作好圆木榫的卯眼，再把圆木榫涂上木工胶后插入木框架中。

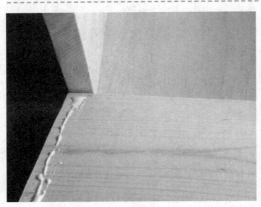

5. 制作抽屉。先制作屉身的4块木板，相互联接也采用斜孔圆木榫，制作好屉身后，再固定上底板。抽屉的面板要略高于屉身。

6. 安装抽屉。先在柜体侧板上拧上螺钉，再装上轨道，一个滑轨分别使用两个小螺钉一前一后进行固定，柜体的两侧都要安装并固定。

7. 打磨和上漆。先用粗砂纸，再用细砂纸充分打磨。然后，在对床头柜批刮水性木器腻子，批腻子前，先把柜体深凹处嵌平。最后，再对柜子进行底着色处理。

第六节　储藏柜

1. 施工之前，先要对板材指接板的质量进行检查。

2. 做储藏柜时，选择环保性能较好的白胶。

3. 对安装壁柜的墙面也要用铅锤线检查是否与地面垂直。

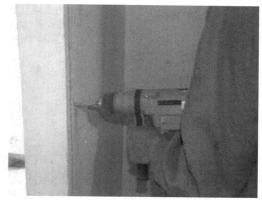

4.利用室内统一标高线,按照设计施工图要求的壁柜、吊柜标高及上下口高度,确定相应的位置,用墨线弹出表示清楚。这时,用冲击钻把柜体与墙面的着力点的固定眼钻好。

5.按照设计储藏柜的尺寸,在指接板上画出具体尺寸,再通过切割机切割成不同大小的板块。在拼装柜体时涂白胶。

6.木工胶水涂在板材的交接处,再用麻花钉固定,每个钉子之间的间距要保持在150mm左右。

7. 柜体大致做好后，还需要反复检查柜体的各个尺寸和角度。特别是角度要标准，这样才能保证与墙体衔接地紧密。

8. 柜子做好后就可以安装到指定的地方。如果墙面不垂直，但又不严重，在缝隙处填上木料。确定之前冲击钻在墙体上的孔洞位置后，用冲击钻在柜体上打孔，再用美固钉贯穿其中。普通的钢钉是不能保证牢固的。

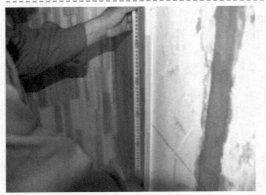

9. 美固钉的间距保持在 500mm 左右最为适合。当所有的美固钉固定好后，整个壁柜就完成了。

第七节　电视柜

1. 框架制作。先配好长料和宽料，后配小料。先配长板材，后配短板材，顺序搭配安排。再将所有的结构件用细刨刨光，然后按顺序逐渐进行装配，装配时，注意构件的部位和正反面。衔接部位需涂胶时，应刷涂均匀并及时擦净挤出的胶液。

2. 柜门安装就是铰链的安装，铰链是否安装到位、牢靠是非常关键的。

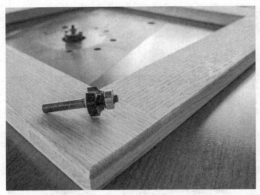

3. 柜门的调节是通过松开铰座上的固定螺钉，前后滑动铰臂位置，有 2mm 的调节范围。调节完毕后，必须重新拧紧螺钉。

4. 制作百叶窗。要使百叶窗帘能起到一个完美的装饰作用，当然少不了百叶窗帘的安装确定出柜门深度。当然，不同的安装方式所要求的柜门深度也就有所不同，其目的是让百叶窗叶片足够的自由活动空间。

5. 电视柜安装。各种五金配件的安装位置应定位准确、安装严密、方正牢靠。捶击安装的时候，应将捶击部位垫上木板，不可猛击。如有拼合不严处，应查找原因并采取修整或补救措施，不可硬敲硬装就位。

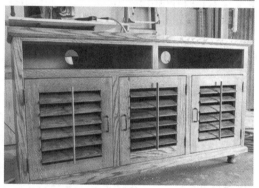

6. 打磨上漆。由粗到细的砂纸反复打磨表面，再在打磨光滑表面喷涂底漆，再批刮水性木器腻子，最后，擦砂蜡、上光蜡砂蜡。

第八节　椅子

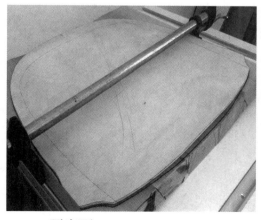

1. 画座面。

2. 标记榫位再拆夹具。

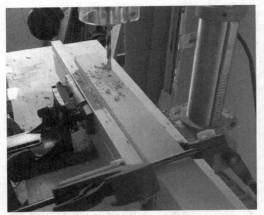

3. 上台钻打榫孔。

4. 将座面两边的板子开好安装前腿的榫槽。

5. 开好榫槽后，还需要用 T 形刀铣出 T 形槽，然后装圆榫抹木工胶水，上夹具。

6. 木工胶水干透后，上带锯将座面整个切出来，然后粗磨。

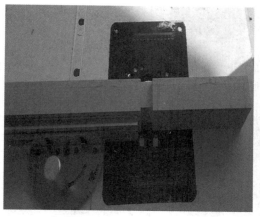
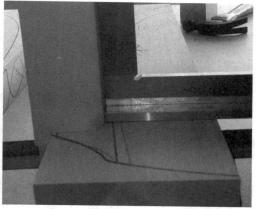

7. 在前腿大概 1/3 的位置开榫位。试装。用肩榫刨一边修一边试，直到能用锤子轻敲几下就能完全进榫为止。装进去的同时做到严丝合缝。

8. 上床做造型。

9. 用台钻在上下两端打两个榫孔，用来安装扶手和脚蹄。

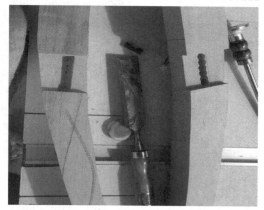

10. 上带锯，切出后腿，并开出后腿的榫槽，榫槽宽度等于座面厚度。

11. 试装。

12. 将锐边倒圆。

13. 粗磨。

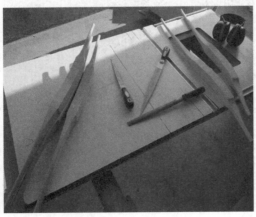

14. 做背靠。打背靠安装孔,再打磨。

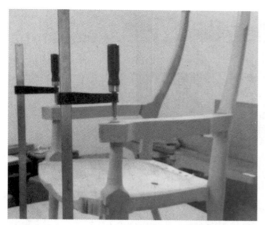

15. 扶手安装。扶手同样用圆榫结构联接。等木工胶水干后，在扶手上画出整形线，然后用角磨机配 24 目砂纸慢慢雕出最后的形状。

16. 刷三遍木蜡油。

第九节　鞋架

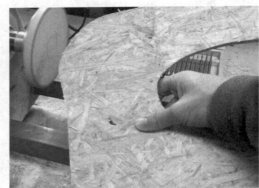

1. 切割侧板。先用切割机（或手工线锯），按设计切下两块 C 形侧板。然后把切割下来的侧板固定在木工桌上，再用木工挫或者铣刀修边和微造型。

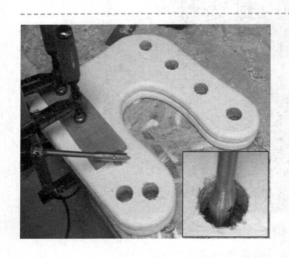

2. 标点打孔。在侧板上部标出 4 个孔，计划串上 4 根硬木棍制作上面一层的鞋架。然后，也在下面标出 4 根平行棍孔和外侧一根挡鞋口。9 个支点孔标好后，再用 F 夹夹好侧板分别钻孔即可。

3. 制作横梁。9 根硬木棍分上下两层，所需工具为木工锯和一字刨。

4. 打磨上底漆。将表面的灰尘杂物清除干净，用砂纸全面打磨一次。然后开始上底漆（着色），用刷子均匀涂擦鞋架表面。

5. 组装上漆。待底漆干后，先把一块侧板垫上报纸后放在木工桌上面，把 9 根木棍分别组装上去，然后装上另外一款侧板，再用橡胶锤缓慢敲击，直至全部嵌入。

6. 上清漆。先刷小面积的凸凹处，再刷大面。用力要均匀，顺刷。在交接处注意不要留接痕。普通涂装在室温下自然干燥，如发现微小孔洞或裂缝，仍可用腻子填充，干后磨平。

7. 完工。

第十节　室内落地晾衣架

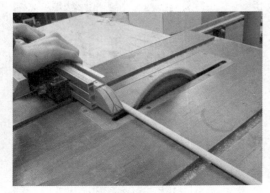

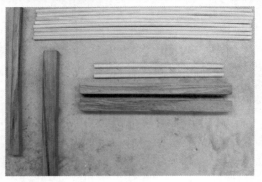

1. 切架板。按照设计的要求需要切割 2 根 400mm×29mm，1 根 390mm×29mm 晾衣架的支架底板；1 根 330mm×29mm×36mm 的晾杆支架。2 根直径 10mm，长 350mm 的支架棒和 8 根直径 10mm，长 600mm 的晾衣竿。切割工具可选择切割机或者手工锯。

2. 打磨。对于平坦的表面，最好使用磨块来均匀、彻底地打磨木材表面，使其变得光滑。

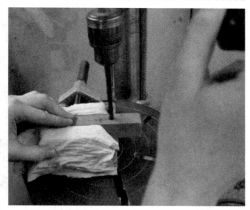

3. 钻圆孔。用直尺量出 330mm×29mm×36mm 这根用于固定晾杆的木条，先在两端垂直打 2 个用于安装支架棒的圆孔。然后，横打 8 个用于固定晾衣棒的圆孔，最后，在底架横挡木条（390mm×29mm）的两端分别打 20mm 深的圆孔。

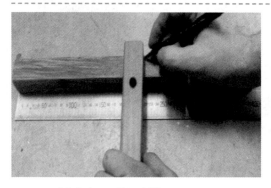

4. 制底架。把两根 400mm×29mm 底架木条平行放在地上，把横挡木条置于上面，用铅笔画出需要安装的位置。在交接点打上一个圆木榫，再涂上木工胶水安装上即可。

5. 制晾杆。把切割好的 8 根晾衣杆（直径 10mm，长 600mm），分别穿入晾杆支架中，然后，分别在交接处涂上木工胶水。

6. 完工。

第十一节　门前木块毯

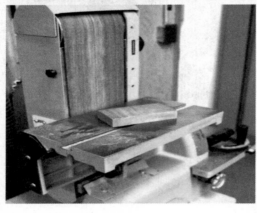

1. 块毯切割。按设计图纸，切割最少 36 个方形木块，再用砂光机器打磨。

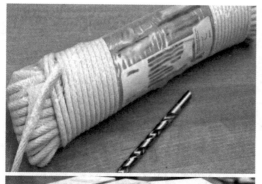

2. 钻孔。用台钻钻孔，钻头比绳子的直径略大。做一个钻床夹具，钻孔的时候块毯粗坯直接夹住再钻孔，目的就是让每个孔都精确地按事先指定位置钻孔。

3. 上漆。上漆前，先用砂纸进行打磨。打磨后再刷上清漆，清漆刷 3 次风干。

4. 切割铝管。用卷尺量出需要的铝管长度，标记，再用绳子固定好铝管，进行切割，切割 56 个铝管套。

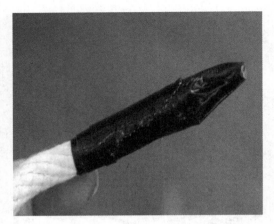

5. 穿线组装。首先，按设计图纸摆好 36 块块毯的位置。再打开绳子，绳子的头部用胶带胶紧，胶好后绳子头部呈箭头状。

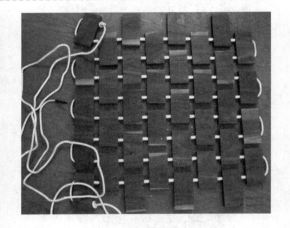

6. 选择一角开始穿线，每穿过一块木板，头上套上一个之前做好的铝管套。依此类推，穿好线后，在线头的进线口和出线口处绳子打上结即可。

参考文献

[1] 中华人民共和国住房和城乡建设部.木结构工程施工质量验收规范：GB 50206—2012 [S].北京：中国建筑工业出版社，2012.

[2] 中华人民共和国建设部.建筑装饰装修工程质量验收规范：GB 50210—2001 [S].北京：中国建筑工业出版社，2001.

[3] 王珣.我是大能手——木工 [M].北京：化学工业出版社，2015.

[4] 吕克顺.图解木工 30 天快速上岗 [M].武汉：华中科技大学出版社，2013.

[5] 李志新.木工初级技能 [M].北京：高等教育出版社，2005.

[6] 赵光庆.木工基本技术 [M].北京：金盾出版社，2009.

[7] 敖立军.木工技能 [M].北京：机械工业出版社，2007.

[8] 赵俊丽.木工 [M].北京：中国铁道出版社，2012.

[9] 王逢瑚.装饰装修木工 [M].北京：中国劳动社会保障出版社，2009.

[10] 周海涛.建筑木工基本技能 [M].北京：中国劳动社会保障出版社，2010.